Martin Roszak · Constantin Schmitz · Andi Tannhäuser

Flucht- und Rettungspläne

Flucht- und Rettungspläne

Anforderungen, Aufstellungen und praktische Umsetzung

2. Auflage

mit 116 Abbildungen und 26 Tabellen

+ mit Download-Angebot

Martin Roszak, M. Eng.

Brandschutzsachverständiger,
Geschäftsführer Brandwerk Solution GmbH

Dipl.-Ing. (FH) Constantin Schmitz

Brandschutzsachverständiger,
Niederlassungsleiter Brandwerk Hamburg

Andi Tannhäuser

Brandschutzsachverständiger,
Projektmitarbeiter Brandwerk Solution GmbH

FeuerTrutz

RM Rudolf Müller

Bibliografische Information der Deutschen Nationalbibliothek
Die Deutsche Nationalbibliothek verzeichnet diese Publikation in der Deutschen Nationalbibliografie; detaillierte bibliografische Daten sind im Internet über http://portal.dnb.de abrufbar.

2. Auflage 2024

Wir freuen uns, Ihre Meinung über dieses Fachbuch zu erfahren. Bitte teilen Sie uns Ihre Anregungen, Hinweise oder Fragen per E-Mail: fachmedien.brandschutz@rudolf-mueller.de mit.

Lektorat: Christine Peter, Overath
Umschlaggestaltung: Satz+Layout Werkstatt Kluth GmbH, Erftstadt
Satz: WMTP Wendt-Media Text-Processing GmbH, Birkenau
Umschlagfoto: © Surachetsh – stock.adobe.com
Druck und Bindearbeiten: Westermann Druck Zwickau GmbH, Zwickau
Printed in Germany

ISBN 978-3-481-04757-3 (Buch-Ausgabe)
ISBN 978-3-481-04758-0 (E-Book-Ausgabe als PDF)
ISBN 978-3-481-04759-7 (Buch + E-Book)

FSC www.fsc.org
MIX
Papier aus verantwortungsvollen Quellen
FSC® C110508

Inhalt

1 Einleitung

Im Brand- oder Gefahrenfall sind die **Flucht- und Rettungswege** die wichtigsten baulichen Bereiche innerhalb von Gebäuden. Sie stellen die schützenswertesten Bereiche dar, wenn es um die Sicherheit von Menschen geht. Ob innerhalb von Gebäuden oder auch bei Außenveranstaltungen – ein gutes sicherheitstechnisches Konzept muss zuverlässige, redundante und sichere Ausgänge beinhalten.

Beispiel

> **Die Brandkatastrophe in Kemerowo 2018**
>
> Am 25. März 2018 ereignete sich in Kemerowo (West-Sibirien) ein Großbrand innerhalb eines Einkaufs- und Erlebniszentrums (siehe Abb. 1.1). 64 Menschen kamen dabei nach Medienangaben ums Leben, davon 41 Kinder. Hauptursache hierfür waren, neben der schnellen Rauchausbreitung vom Brandort aus, auch die nicht vorhandenen oder nicht zugänglichen Notausgänge aus den betroffenen Bereichen. Medienberichten zufolge waren diese versperrt und stellten somit Sackgassen dar.

Aber nicht nur innerhalb von Gebäuden, sondern auch im Freien sind Flucht- und Rettungswege unabdingbar.

Abb. 1.1: Die Brandkatastrophe in Kemerowo 2018 (Quelle: Danil Aikin/dpa)

Abb. 1.2: Loveparade-Unglück 2010 (Quelle: Erik Wiffers/dpa)

> **Das Loveparade-Unglück in Duisburg 2010**
>
> Am 24. Juli 2010 ereignete sich eines der wohl verheerendsten Unglücke in der deutschen Festivalgeschichte. Bei der Loveparade in Duisburg kamen 21 Menschen ums Leben, 541 weitere wurden zum Teil schwer verletzt.
>
> Hauptursache dafür waren weder Feuer noch Rauch, sondern eine Massenpanik. Auch hier hätten bessere oder zusätzliche Flucht- und Rettungswege ermöglichen können, die Personenströme zu lenken und zu verteilen (siehe Abb. 1.2).

Diese verschiedenen Ereignisse zeigen, dass Flucht- und Rettungswege in ihrer Gesamtheit gut konzeptioniert, ausgeführt und auch betrieben werden müssen, um im Gefahrenfall jederzeit vollumfänglich ihre Funktion zu erfüllen.

Nicht umsonst definiert das Baurecht in Deutschland vorrangig das Schutzziel der Personenrettung wie folgt:

„*Bauliche Anlagen sind so anzuordnen, zu errichten, zu ändern und instand zu halten, dass […] bei einem Brand die Rettung von Menschen und Tieren sowie wirksame Löscharbeiten möglich sind.*" (§ 14 Musterbauordnung)

Merksatz

Personenschutz geht vor Sachschutz!

Ebenso lauten die brandschutztechnischen Schutzziele der EU gemäß Bauproduktenverordnung vom 9. März 2011 (Anhang 1 – Grundanforderungen an Bauwerke) hierzu:

„*Das Bauwerk muss derart entworfen und ausgeführt sein, dass bei einem Brand*

a) die Tragfähigkeit des Bauwerks während eines bestimmten Zeitraums erhalten bleibt;

b) die Entstehung und Ausbreitung von Feuer und Rauch innerhalb des Bauwerks begrenzt wird;

c) die Ausbreitung von Feuer auf benachbarte Bauwerke begrenzt wird;

d) die Bewohner das Bauwerk unverletzt verlassen oder durch andere Maßnahmen gerettet werden können [Hervorhebung durch den Autor];

e) die Sicherheit der Rettungsmannschaften berücksichtigt ist.“

Im Rahmen der Konzeptionierung der Flucht- und Rettungswege im Verlauf von Planungsleistungen, Baugenehmigungsverfahren und Bestandskonzepten darf natürlich auch die richtige Ausführung, Darstellung, Erkennbarkeit und Hinweispflicht nicht zu kurz kommen.

Neben den bekannten Sicherheitszeichen und Hinweisschildern, die auf die örtlichen Flucht- und Rettungswege hinweisen, erfolgt die Darstellung der Flucht- und Rettungswege auch in ihrer Gesamtheit auf sogenannten Flucht- und Rettungsplänen (siehe Abb. 1.3).

Insbesondere im Arbeitsschutz gibt es hierzu zahlreiche Grundlagen, Anforderungen und Gestaltungsvorgaben. Doch lassen sich diese Vorgaben grundsätzlich auf alle Bauwerke, baulichen Anlagen und vor allem Nutzungen gleich übertragen und ergeben diese Flucht- und Rettungspläne in allen Objekten Sinn? Insbesondere in großen Sonderbauten, in denen oftmals mit zahlreichen ortsfremden Personen zu rechnen ist, können solche Pläne nicht nur zur Flucht im Gefahrenfall, sondern auch der Orientierung und Prävention dienen.

Im Folgenden soll daher ein Einblick in die verschiedenen Begrifflichkeiten, Grundlagen und Anforderungen, Gestaltungen und auch die konzeptionellen Phasen der Flucht- und Rettungsweggestaltung gegeben und diese anhand von Praxisbeispielen verdeutlicht werden.

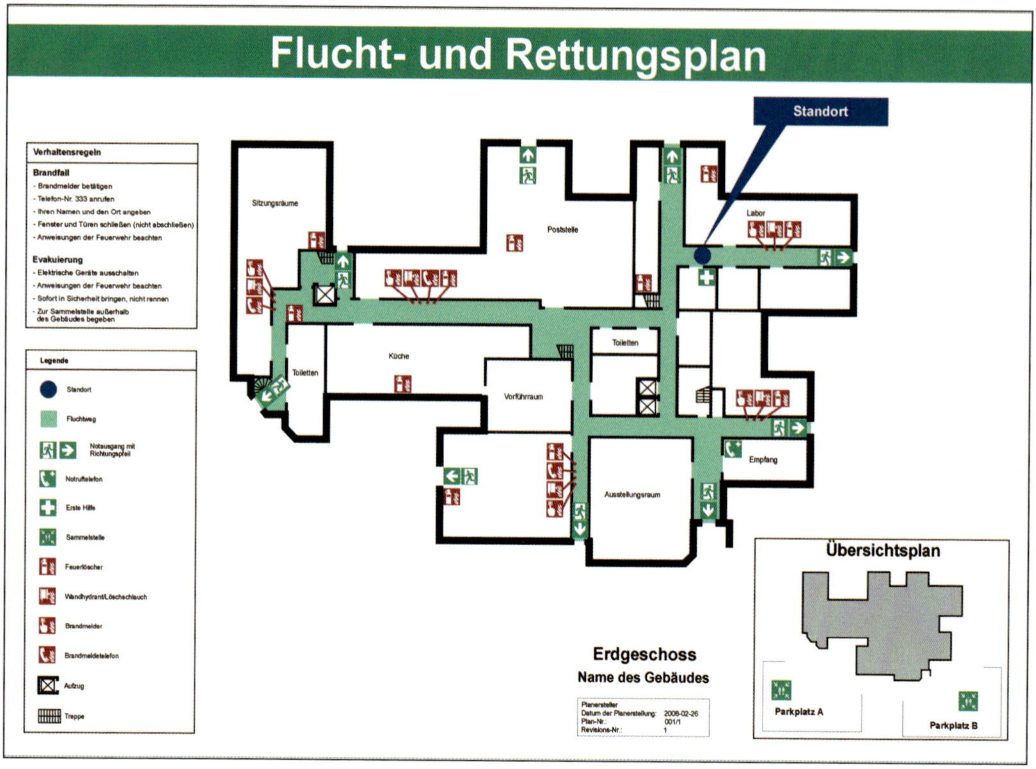

Abb. 1.3: Flucht- und Rettungsplan (Quelle: DIN ISO 23601 „Sicherheitskennzeichnung – Flucht- und Rettungspläne“ [2021], Bild A.1)

2 Begriffsdefinitionen

Aufenthaltsraum

„Aufenthaltsräume sind Räume, die zum nicht nur vorübergehenden Aufenthalt von Menschen bestimmt oder geeignet sind." (§ 2 Abs. 7 Bauordnung NRW, § 2 Abs. 5 Musterbauordnung)

In der Praxis fallen, neben den offensichtlichen Aufenthaltsräumen, wie beispielsweise Wohn- oder Büroräume, oftmals auch Lager- oder Abstellräume in die Kategorie Aufenthaltsräume. Diese werden zwar nicht kontinuierlich oder regelmäßig genutzt, aber durchaus über längere Zeiträume. Gleiches gilt beispielsweise auch für Werkstätten.

Ein häufig diskutierter Punkt sind gerade in Arbeitsstätten die Umkleideräume. Eine Person hält sich in Umkleideräumen in der Regel nicht allzu lange auf. Wenn jedoch, beispielsweise in großen Industriebetrieben, Umkleideräume für 100 Personen oder mehr vorhanden sind, und Schichtbetrieb in den Hallen gefahren wird, kann es sein, dass sich nicht ein und dieselbe Person dauerhaft in der Umkleide aufhält, aber kontinuierlich Personen anwesend sind. Aus diesem Grund stufen Genehmigungsbehörden diese Umkleideräume dann oftmals als Aufenthaltsraum ein, wodurch wiederum andere Anforderungen an die Flucht- und Rettungswege gestellt werden können.

Brandschutzkonzept

Ein Brandschutzkonzept ist Teil eines gesamten sicherheitstechnischen Konzeptes einer baulichen Anlage. Es beschreibt in erster Linie die Anforderungen des baulichen Brandschutzes sowie auch die Vorgaben und Anforderungen an den abwehrenden und den betrieblichen Brandschutz. Im Fokus steht dabei natürlich auch die Sicherstellung der Flucht- und Rettungswege.

Brandschutzordnung

Der betriebliche Brandschutz stützt sich auf die Grundlagen des Brandschutzkonzepts und vor allem auf die Festlegungen der Brandschutzordnung, die aufgrund der meist zukunftssicheren Nutzung der baulichen Anlagen auch über mehrere Jahre Bestand haben sollte.

„Die Brandschutzordnung ist eine zusammenfassende Regelung für das Verhalten von Personen innerhalb eines Gebäudes oder Betriebes im Brandfall sowie für Maßnahmen, welche Brände verhüten sollen.

Die Brandschutzordnung Teil A besteht aus dem Aushang. Sie ersetzt nicht die Verhaltensregeln im Brandfall, welche in Flucht- und Rettungsplänen nach ASR A1.3 bzw. DIN ISO 23601 enthalten sind.

Die Brandschutzordnung Teil B (für Personen ohne besondere Brandschutzaufgaben) richtet sich an die Personen (z. B. Bewohner, Beschäftigte), die sich nicht nur vorübergehend in einer baulichen Anlage aufhalten.

Die Brandschutzordnung Teil C (für Personen mit besonderen Brandschutzaufgaben) richtet sich an Personen, denen über ihre allgemeinen Pflichten hinaus besondere Aufgaben im Brandschutz übertragen sind (z. B. Brandschutzbeauftragte, Brandschutzhelfer).“ (DIN 14096 „Brandschutzordnung – Regeln für das Erstellen und das Aushängen“ [2014], S. 3)

Flucht- und Rettungsplan

„Plan für die Nutzer einer baulichen Anlage, auf dem die erforderlichen Informationen über die Fluchtwege dargestellt sind und auf dem Informationen zur Evakuierung und Rettung sowie für zu ergreifende Sofortmaßnahmen enthalten sein können.“ (DIN ISO 23601 „Sicherheitskennzeichnung – Flucht- und Rettungspläne“, [2021] Abschnitt 3.2, S. 7)

Flucht- und Rettungspläne gehören zu den wesentlichsten und offensichtlichsten Bestandteilen der Sicherheitsausstattung eines Gebäudes oder einer baulichen Anlage. Zudem sind sie ein wichtiger Baustein in der Gefahrendokumentation (Brandschutzakten, Gefahrenabwehrpläne, u. Ä.).

Fluchtweg

Wie sich aus dem Namen schon ableiten lässt, sind Fluchtwege in erster Linie Wege, die im Rahmen einer Selbstrettung von den darauf angewiesenen Personen genutzt werden, um sich in Sicherheit zu bringen (zu flüchten). Schlussfolgernd aus dieser Auslegung dienen diese Wege nicht in erster Linie den Einsatzkräften der Feuerwehr, um eine Personenrettung durchzuführen.

Als Fluchtweg beschreiben die Technischen Regeln für Arbeitsstätten ASR A2.3 „Fluchtwege und Notausgänge“ (2022) entsprechend folgende Bereiche:

„[…] Fluchtwege sind Verkehrswege, an die besondere Anforderungen zu stellen sind und die der selbstständigen Flucht aus einem möglichen Gefahrenbereich und in der Regel zugleich der Rettung von Personen dienen.

Der Fluchtweg beginnt an allen Orten in der Arbeitsstätte, zu denen Beschäftigte im Rahmen ihrer Arbeit Zugang haben oder sich bei der Nutzung von Neben-, Sanitär-, Kantinen-, Pausen- und Bereitschaftsräumen, Erste-Hilfe-Räumen und Unterkünften aufhalten.

Außentreppen, begehbare Dachflächen oder offene Gänge können Teil eines Fluchtweges sein.

Hinweis

> *Fluchtwege im Sinne dieser Regel sind auch die im Bauordnungsrecht definierten Rettungswege, sofern sie selbstständig begangen werden können.*

Fluchtwege werden unterschieden in Haupt- und Nebenfluchtwege:

1. ***Hauptfluchtwege*** *(bisher erste Fluchtwege) sind insbesondere die zur Flucht erforderlichen Verkehrswege, die nach dem Bauordnungsrecht notwendigen Flure und Treppenräume für notwendige Treppen sowie die Notausgänge.*
2. ***Nebenfluchtwege*** *(bisher zweite Fluchtwege) sind zusätzliche Fluchtwege, die ebenfalls ins Freie oder in einen gesicherten Bereich führen."*

(ASR A2.3, Abschnitt 3.1 [2022])

Fluchtweglänge

„Die Länge des Hauptfluchtweges ist die kürzeste Wegstrecke (ohne Berücksichtigung der Raumausstattung, jedoch nicht durch Wände gemessen) vom Beginn des Fluchtweges bis zu einem Notausgang. Die Hauptfluchtweglänge muss möglichst kurz sein und darf:

1. *für Räume ohne oder mit normaler Brandgefährdung ausgenommen Räume nach Nummern 2 bis 4 bis zu 35 m*
2. *für Räume mit erhöhter Brandgefährdung mit selbsttätigen Feuerlöscheinrichtungen bis zu 35 m*
3. *für Räume mit erhöhter Brandgefährdung ohne selbsttätige Feuerlöscheinrichtungen bis zu 25 m*
4. *für Räume, in denen eine Gefährdung durch explosionsgefährliche Stoffe besteht bis zu 10 m*

betragen." (ASR A2.3, Abschnitt 5.2 [2022])

Gefangener Raum

„Gefangener Raum ist ein Raum, der ausschließlich durch einen anderen Raum betreten oder verlassen werden kann." (ASR A2.3, Abschnitt 3.6 [2022])

Diese Situation liegt oft bei Büros von Führungskräften vor, denn diese weisen in vielen Fällen ein vorgelagertes Sekretariat auf, das immer passiert werden muss, um in das hintere Büro zu gelangen. Im Fluchtfall führt somit der Weg zu einem Flur oder weiteren Fluchtweg immer durch den Vorraum. Daher ist der hintere Raum gefangen, wenn es in einem Vorraum zu einem Brandereignis kommt.

Gesicherter Bereich

Der gesicherte Bereich stellt entsprechend den Anforderungen der Technischen Regeln für Arbeitsstätten einen Bereich dar, in dem vorübergehend eine unmittelbare Gefährdung ausgeschlossen werden kann.

„Gesicherter Bereich ist ein Bereich, in dem Personen vorübergehend vor einer unmittelbaren Gefahr für Leben und Gesundheit geschützt sind. Als gesicherte Bereiche innerhalb von Gebäuden gelten insbesondere benachbarte Brandabschnitte und notwendige Treppenräume nach dem Bauordnungsrecht. Als gesicherter Bereich außerhalb von Gebäuden können z. B. Außentreppen, begehbare Dachflächen oder offene Gänge gelten, wenn diese im Gefahrenfall ausreichend lang sicher benutzbar sind und ins Freie führen."
(ASR A2.3, Abschnitt 3.7 [2022])

Notausgang/Notausstieg

Die ASR A2.3 (2022) erläutert in Abschnitt 3.9 den Begriff Notausgang wie folgt:

„Ein Notausgang ist ein Ausgang im Verlauf eines Hauptfluchtweges, der direkt ins Freie oder in einen gesicherten Bereich führt."

Dementsprechend ist der Notausgang gewissermaßen das Ende des Fluchtweges und kann selbstständig erreicht und begangen werden.

Einen Notausstieg definieren die Technischen Regeln für Arbeitsstätten ASR A2.3 (2022) in Abschnitt 3.10 wie folgt:

„Ein Notausstieg ist ein geeigneter Ausstieg im Verlauf eines Nebenfluchtweges zur selbstständigen Flucht aus einem Raum oder einem Gebäude."

Die ASR unterscheidet anhand der Kennzeichnung in der ASR A1.3 „Sicherheits- und Gesundheitsschutzkennzeichnung" (2022) hier noch einmal in 3 verschiedene Notausstiege:

- Notausstieg bei ebenerdigen Fenstern (Zeichen D-E019 Notausstieg)
- Notausstieg mit fester Fluchtleiter (Zeichen D-E016 Notausstieg mit Fluchtleiter)
- Rettungsausstieg mit Hilfe der Feuerwehr (Zeichen D-E017 Rettungsausstieg)

Somit kann der „Notausstieg" beispielsweise eine Leiter an der Außenfassade (z. B. Steigleiter) sein, oder auch ein Rettungsausstieg, den das Baurecht als „Fenster als Rettungsweg" beschreibt.

Ob und welche Art eines Not- oder Rettungsausstiegs erforderlich ist, ergibt sich letztendlich aus der Gefährdungsbeurteilung.

Optisches Sicherheitsleitsystem

Die ASR A2.3 (2022) „Optische Sicherheitsleitsysteme" definiert ein optisches Sicherheitsleitsystem in Abschnitt 3.18 wie folgt:

„Optische Sicherheitsleitsysteme sind auf den Boden aufgebrachte, in den Boden eingelassene oder bodennahe, durchgehende Leitsysteme (z. B. an Wänden), die mit Hilfe optischer Kennzeichnungen und Richtungsangaben einen sicheren Fluchtweg vorgeben [siehe Abb. 2.1]. *Sie dienen ebenfalls dem gefahrlosen Verlassen der Arbeitsstätte, auch bei Ausfall der Allgemeinbeleuchtung."*

Optische Sicherheitsleitsysteme sind im Ernstfall mitunter die auffälligsten Kennzeichnungen, da sie nur dann in Betrieb sind, wenn sie gebraucht werden. Anders als statische Fluchtwegpiktogramme, die immer vorhanden sind, werden sie erst bei Benutzung sichtbar und sind daher besonders gut wahrnehmbar.

Abb. 2.1: Beispielhafte Ausführung eines optischen Leitsystems auf einem Kreuzfahrtschiff

Piktogramm

Ein Piktogramm ist meist eine bildliche Darstellung, die auf vereinfachte Art und Weise eine Aktion oder einen Hinweis explizit anweisen bzw. darauf verweisen soll. Die Verwendung von Piktogrammen kommt u. a. bei der Verwendung von Sicherheitszeichen vor.

Rettungsweg

Unter Berücksichtigung der zuvor vermittelten Definition des „Fluchtweges" sind Rettungswege streng genommen Wege, die der Rettung dienen und somit für die Rettungsdienste erforderlich sind.

Der Begriff „retten" bedeutet, jemanden oder etwas aus einer bedrohlichen oder gefährlichen Situation oder Lage befreien und dadurch vor Schäden zu bewahren. Dies verdeutlicht, dass über einen Rettungsweg nicht das eigenständige Verlassen eines Objektes erfolgt, sondern die Rettung durch Unterstützung von Anderen erbracht werden muss.

Das Baurecht bezeichnet jedoch sowohl Wege zur Eigenrettung wie auch zur Fremdrettung als Rettungswege und fasst sie oftmals als Flucht- und Rettungswege zusammen.

Sammelstelle/Sammelplatz

Unter Sammelplatz oder Sammelstelle wird ein konzeptionell fest definierter und meist vor Ort gekennzeichneter Bereich benannt, der fliehenden Personen aus einem Gebäude als Anlaufstelle dient, um beispielsweise deren Vollständigkeit festzustellen und dort auf weitere Hilfe, wie beispielsweise die Einsatzkräfte der Feuerwehr zu warten. Sammelplätze sollten ausreichend weit von dem betroffenen Gebäude oder der baulichen Anlage entfernt liegen.

Sicherheitszeichen

„[...] Sicherheitszeichen ist ein Zeichen, das durch Kombination einer spezifischen Farbe mit einer geometrischen Form eine allgemeine und durch Zufügen eines grafischen Symbols eine spezielle Sicherheitsaussage ermöglicht." (DIN EN ISO 7010 „Graphische Symbole – Sicherheitsfarben und Sicherheitszeichen – Registrierte Sicherheitszeichen" [2020], Abschnitt 3.3, S. 8)

Übersichtsplan

„[...] vereinfachte grafische Darstellung, die den Detailplan in Beziehung zum gesamten Komplex der baulichen Anlage darstellt" (DIN ISO 23601, Abschnitt 3.6, S. 8)

Zusatzzeichen

„Zeichen, das zusätzlich zu einem Sicherheitszeichen angewendet wird und dessen Hauptaufgabe darin liegt, weitere Hinweise zu geben." (DIN EN ISO 7010, [2020] Abschnitt 3.5, S. 8)

3 Grundlagen und Anforderungen

3.1 Rechtliche Anforderungen

3.1.1 Musterbauordnung

§ 33 Abs. 1 Musterbauordnung fordert für Nutzungseinheiten mit mindestens einem Aufenthaltsraum 2 voneinander unabhängige Rettungswege ins Freie.

Diese Forderung stützt sich im Wesentlichen auf die bauordnungsrechtlichen Schutzziele, nach denen eine Rettung von Menschen und Tieren sichergestellt werden muss, dies sowohl als Eigen- als auch als Fremdrettung.

Diese Vorschrift sorgte beispielsweise für eine zeitweise Schließung des Stuttgarter Fernsehturms: Aufgrund des fehlenden zweiten Rettungswegs war er von Frühjahr 2013 an 3 Jahre lang geschlossen und durfte nicht besucht werden. Nach einer aufwendigen Brandschutzsanierung ist er seit dem 30. Januar 2016 wieder zugänglich.

Die Forderung nach 2 voneinander unabhängigen bauaufsichtlichen Rettungswegen geht davon aus, dass, beispielsweise bei einem Brand, ein alleiniger Flucht- und Rettungsweg ausfallen kann und dann eine Flucht oder Rettung von Menschen und Tieren über diesen Weg nicht mehr möglich wäre. Der erste bauaufsichtliche Rettungsweg muss dabei immer baulich hergestellt werden, also beispielsweise über einen Ausgang ins Freie im Erdgeschoss oder Treppen in Geschossen, die nicht zu ebener Erde liegen und dann über Ausgänge ins Freie von einer anderen Ebene.

Merksatz

> **Jeder Aufenthaltsraum muss mindestens einen baulichen Rettungsweg aufweisen.**

Der zweite bauaufsichtliche Rettungsweg kann entweder ebenfalls als baulicher Rettungsweg erforderlich sein (z. B. bei Sonderbauten) oder über Rettungsgeräte der Feuerwehr (Leitern, Hubrettungsfahrzeuge) führen. Ein zweiter bauaufsichtlicher Rettungsweg ist nicht erforderlich, wenn die Rettung von Menschen und Tieren über einen sicher erreichbaren Treppenraum möglich ist, in den Feuer und Rauch nicht eindringen können (Sicherheitstreppenraum).

Anforderungen an die Erstellung von Flucht- und Rettungsplänen resultieren aus der Musterbauordnung oder den Landesbauordnungen der Bundesländer jedoch nicht.

Abb. 3.1: Ränge einer Versammlungsstätte (Quelle: Burmakin Andrey – stock.adobe.com)

3.1.2 Sonderbauten

Gerade bei Gebäuden besonderer Art und Nutzung, den sogenannten Sonderbauten, sind Flucht- und Rettungspläne oft standardmäßig vorgesehen. Doch ob diese bauordnungsrechtlich aufgrund der besonderen Art und Nutzung erforderlich sind, kann für die unterschiedlichen Sonderbauten wie folgt festgestellt werden.

Versammlungsstätten – Muster-Versammlungsstättenverordnung (MVStättVO, Stand 07/2014)

In den länderspezifischen Sonderbauvorschriften, z. B. der Muster-Versammlungsstättenverordnung für Versammlungsstätten, werden unter § 6 die Forderungen nach bzw. auch die Anforderungen an Rettungswege festgeschrieben.

Die MVStättVO gibt vor, dass auch in Versammlungsstätten (siehe Abb. 3.1) in Bereichen mit Aufenthaltsräumen 2 unabhängige Rettungswege vorhanden sein müssen und stützt sich hierbei auf die Anforderungen der Musterbauordnung.

Eine bauordnungsrechtliche Forderung an die Erstellung und den Aushang von Flucht- und Rettungsplänen resultiert hieraus jedoch nicht.

Abb. 3.2: Hotel in Berlin (Quelle: Wojsyl, Wikimedia Commons, lizenziert unter Creative-Commons-Lizenz BY-SA-3.0, https://creativecommons.org/licenses/by-sa/3.0/deed.de)

Beherbergungsstätten – Muster-Beherbergungsstättenverordnung (MBeVO, Stand 5/2014)

Der § 3 Abs. 1 MBeVO sieht eine weitere Konkretisierung der Rettungswege vor. Dabei bezieht sich dieser Paragraph nicht nur auf Nutzungseinheiten und Bereiche, in denen sich Aufenthaltsräume befinden, sondern auf jeden einzelnen Beherbergungsraum. Somit sind aus jedem Beherbergungsraum, z. B. Hotelzimmer, 2 unabhängige Rettungswege erforderlich.

In den betrieblichen Vorschriften für Beherbergungsstätten (siehe Abb. 3.2) wird in § 12 Abs. 2 MBeVO deutlich eine bauordnungsrechtliche Forderung nach Flucht- und Rettungsplänen formuliert:

„In jedem Beherbergungsraum sind an dessen Ausgang ein Rettungsplan und Hinweise zum Verhalten bei einem Brand anzubringen. Die Hinweise müssen auch in den Fremdsprachen, die der Herkunft der üblichen Gäste Rechnung tragen, abgefasst sein." (§ 12 Abs. 2 MBeVO)

Hierbei wird festgelegt, dass in diesen besonderen baulichen Anlagen, in denen durchaus zahlreiche ortsfremde Personen anwesend sein können, die zudem in diesen Gebäuden nächtigen, die Flucht- und Rettungspläne als Teil des gesamten sicherheitstechnischen Konzeptes notwendig sind. Untermalt wird diese Forderung durch den Zusatz, dass diese Hinweise in den Fremdsprachen dargestellt sein müssen, die der Herkunft der üblichen Gäste Rechnung tragen (siehe Kapitel 6.3).

Hieraus resultiert eine bauordnungsrechtliche Forderung nach Erstellung und Aushang von Flucht- und Rettungsplänen.

Abb. 3.3: Einkaufszentrum in Essen (Quelle: ECE Marketplaces GmbH & Co. KG, Hamburg)

Verkaufsstätten – Muster-Verkaufsstättenverordnung (MVKVO, Stand 07/2014)

In geregelten Verkaufsstätten (siehe Abb. 3.3) müssen nach § 10 MVKVO für jeden Verkaufsraum, Aufenthaltsraum und für jede Ladenstraße in demselben Geschoss mindestens 2 möglichst entgegengesetzt führende Rettungswege zu Ausgängen ins Freie oder zu notwendigen Treppenräumen vorhanden sein.

Eine bauordnungsrechtliche Forderung an die Erstellung und den Aushang von Flucht- und Rettungsplänen resultiert hieraus jedoch nicht.

Abb. 3.4: Skyline von Essen (Quelle: Peter Wieler, EMG)

Hochhaus – Muster-Hochhausrichtlinie (MHHR, Stand 02/2012)

Bei Hochhäusern (Gebäude mit einer OKFF von mehr als 22 m über Geländehöhe im Mittel, siehe Abb. 3.4) müssen gemäß MHHR Abschnitt 4 für Nutzungseinheiten und für Geschosse ohne Aufenthaltsräume in jedem Geschoss mindestens 2 voneinander unabhängige bauliche Rettungswege ins Freie beziehungsweise zu öffentlichen Verkehrsflächen vorhanden sein.

Es fällt auf, dass die MHHR, abweichend von den Anforderungen der Musterbauordnung 2022 in § 33 Abs. 1, auch für Geschosse ohne Aufenthaltsräume 2 bauliche Rettungswege vorsieht. Dies begründet sich durch die aufgrund der Höhe des Objektes nicht mehr mögliche Rettungsaktion durch Hubrettungsfahrzeuge und des dadurch nur von innen möglichen taktischen Angriffs der Feuerwehr. Dementsprechend sind die Rettungswege im Hochhaus umso mehr auch Angriffswege für die Feuerwehr.

Eine bauordnungsrechtliche Forderung an die Erstellung und den Aushang von Flucht- und Rettungsplänen resultiert hieraus jedoch nicht.

Abb. 3.5: Unterirdische Großgarage (Quelle: Photobeps – stock.adobe.com)

Garagen – Muster-Garagen- und Stellplatzverordnung (M-GarVO, Stand 07/2022)

Ab einer Garagengröße von 100 m^2 (d. h. Mittel- und Großgaragen, siehe Abb. 3.5) müssen nach M-GarVO § 14 in jedem Geschoss mindestens 2 voneinander unabhängige bauliche Rettungswege vorhanden sein, wobei einer der beiden Rettungswege auch über Rampen geführt werden kann.

Eine bauordnungsrechtliche Forderung an die Erstellung und den Aushang von Flucht- und Rettungsplänen resultiert hieraus jedoch nicht.

Abb. 3.6: Industriebau Produktionshalle

Industriebau – Muster-Industriebaurichtlinie (MIndBauRL, Stand 05/2019)

In Industriebauten (siehe Abb. 3.6) werden die Anforderungen an die Anzahl und Beschaffenheit der Rettungswege im Wesentlichen von der Größe der beurteilten Räume und Flächen abhängig gemacht. So muss jeder Raum, der eine Grundfläche von mehr als 200 m^2 hat, 2 Ausgänge aufweisen. Für Industriebauten mit einer Grundfläche von mehr als 1.600 m^2 müssen in jedem Geschoss 2 möglichst entgegengesetzt liegende bauliche Rettungswege vorhanden sein.

Aufgrund der industriellen Nutzung, die oftmals mit großen Hallenbauten und deutlich höheren Räumen einhergeht, lässt die MIndBauRL Erleichterungen hinsichtlich der Notwendigkeit von 2 baulichen Rettungswegen zu. Hierbei wird davon ausgegangen, dass gerade in Industriebauten die arbeitsschutzrechtlichen Forderungen einen wesentlich höheren Stellenwert (z. B. bei Produktionshallen mit Maschinentätigkeiten) als in einem Bürogebäude haben, weshalb die Anforderungen an sichere Arbeitsplätze dort ohnehin gegeben sind.

Eine Forderung nach der Erstellung von Flucht- und Rettungsplänen in Industriebauten folgt auf bauordnungsrechtlicher Grundlage hierdurch nicht.

Abb. 3.7: Pflegeheim in Mülheim a. d. Ruhr

Pflegeheime – am Beispiel der Richtlinie über bauaufsichtliche Anforderungen an den Bau und Betrieb von Einrichtungen mit Pflege- und Betreuungsleistungen NRW (Stand 03/2011)

Insbesondere in Pflegeheimen (siehe Abb. 3.7), in denen überwiegend Bewohner und Menschen anwesend sind, die auf fremde Hilfe angewiesen sind, sind die betrieblichen Maßnahmen von großer Bedeutung. Am Beispiel der Richtlinie über bauaufsichtliche Anforderungen an den Bau und Betrieb von Einrichtungen mit Pflege- und Betreuungsleistungen NRW (Stand 03/2011) muss in diesen Gebäuden jeder Aufenthaltsraum 2 bauliche Rettungswege aufweisen. Dabei spielt es keine Rolle, wo der Raum liegt, wie groß er ist oder wie viele Personen ihn nutzen. Da die Nutzer im Fall einer Räumung überwiegend auf Unterstützung angewiesen sind, stellt die Forderung nach ausschließlich baulichen Rettungswegen aus Sicht des Gesetzgebers die einzige Möglichkeit dar.

Bauordnungsrechtliche Forderungen nach der Aufstellung von Flucht- und Rettungsplänen bestehen jedoch nicht.

Merksatz

> **Die Sonderbauvorschriften auf Basis der Muster-Regelwerke legen mit Ausnahme der Beherbergungsstätten auf dem Niveau der bauordnungsrechtlichen Hierarchie keine Anforderungen an die Erarbeitung und Aufstellung von Flucht- und Rettungsplänen fest.**

3.1.3 Arbeitsschutzgesetz

Das Arbeitsschutzgesetz (ArbSchG) beschreibt unter § 4 ArbSchG die allgemeinen Grundsätze, die einzuhalten sind:

„Der Arbeitgeber hat bei Maßnahmen des Arbeitsschutzes von folgenden allgemeinen Grundsätzen auszugehen:

1. *Die Arbeit ist so zu gestalten, dass eine Gefährdung für das Leben sowie die physische und die psychische Gesundheit möglichst vermieden und die verbleibende Gefährdung möglichst gering gehalten wird;*
2. *Gefahren sind an ihrer Quelle zu bekämpfen;*
3. *bei den Maßnahmen sind der Stand von Technik, Arbeitsmedizin und Hygiene sowie sonstige gesicherte arbeitswissenschaftliche Erkenntnisse zu berücksichtigen;*
4. *Maßnahmen sind mit dem Ziel zu planen, Technik, Arbeitsorganisation, sonstige Arbeitsbedingungen, soziale Beziehungen und Einfluss der Umwelt auf den Arbeitsplatz sachgerecht zu verknüpfen;*
5. *individuelle Schutzmaßnahmen sind nachrangig zu anderen Maßnahmen;*
6. *spezielle Gefahren für besonders schutzbedürftige Beschäftigtengruppen sind zu berücksichtigen;*
7. *den Beschäftigten sind geeignete Anweisungen zu erteilen;*
8. *mittelbar oder unmittelbar geschlechtsspezifisch wirkende Regelungen sind nur zulässig, wenn dies aus biologischen Gründen zwingend geboten ist."*

Wie die Flucht- und Rettungspläne gestaltet sein müssen, beschreibt dieses Gesetz jedoch nicht abschließend.

Dies basiert darauf, dass entsprechend des § 5 ArbSchG der Arbeitgeber durch eine Beurteilung der für die Beschäftigten mit ihrer Arbeit verbundenen Gefährdung ermitteln muss, welche Maßnahmen des Arbeitsschutzes erforderlich sind.

Darunter fallen insbesondere objektspezifische Anforderungen an die Führung, Gestaltung und Kennzeichnung der Flucht- und Rettungswege.

3.1.4 Arbeitsstättenverordnung

Die Konkretisierung der Ausführung der Flucht- und Rettungspläne sowie der Fluchtwegführung allgemein wird in der Arbeitsstättenverordnung (ArbStättV) schon eindeutiger, jedoch auch hier noch nicht abschließend beschrieben.

In § 3a Abs. 1 ArbStättV heißt es:

„(1) Der Arbeitgeber hat dafür zu sorgen, dass Arbeitsstätten so eingerichtet und betrieben werden, dass Gefährdungen für die Sicherheit und die Gesundheit der Beschäftigten möglichst vermieden und verbleibende Gefährdungen möglichst gering gehalten werden. Beim Einrichten und Betreiben der Arbeitsstätten hat der Arbeitgeber die Maßnahmen nach § 3 Absatz 1 (Gefährdungsbeurteilung) durchzuführen und dabei den Stand der Technik, Arbeitsmedizin und Hygiene, die ergonomischen Anforderungen sowie insbesondere die vom Bundesministerium für Arbeit und Soziales nach § 7 Absatz 4 bekannt gemachten Regeln und Erkenntnisse zu berücksichtigen. Bei Einhaltung der

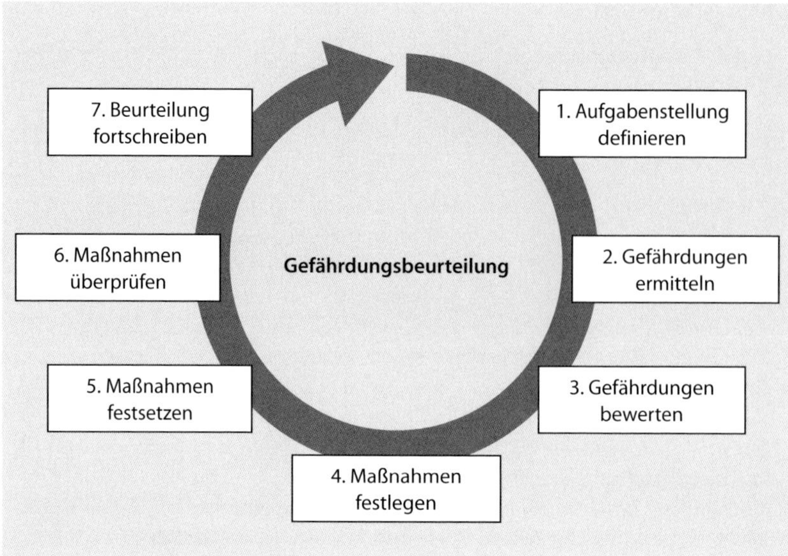

Abb. 3.8: Kreislauf einer Gefährdungsbeurteilung

bekannt gemachten Regeln ist davon auszugehen, dass die in dieser Verordnung gestellten Anforderungen diesbezüglich erfüllt sind. Wendet der Arbeitgeber diese Regeln nicht an, so muss er durch andere Maßnahmen die gleiche Sicherheit und den gleichen Schutz der Gesundheit der Beschäftigten erreichen."

§ 3 Abs. 1 ArbStättV beschreibt also die Gefährdungsbeurteilung dahingehend, dass der Arbeitgeber in Verbindung mit den Anforderungen des § 5 ArbSchG zunächst festzustellen hat, ob die Beschäftigten beim Einrichten und Betreiben von Arbeitsstätten Gefährdungen ausgesetzt sind oder ausgesetzt sein können.

Sofern dies der Fall ist, muss der Arbeitgeber alle möglichen Gefährdungen der Sicherheit und der Gesundheit der Beschäftigten beurteilen und anschließend die Auswirkungen bei der Arbeitsorganisation und den Arbeitsabläufen in der Arbeitsstätte berücksichtigen (siehe Abb. 3.8).

Das Ergebnis der Gefährdungsbeurteilung **kann** die Art und Ausführung der Flucht- und Rettungspläne vorgeben.

3.1.5 Unfallverhütungsvorschrift

Die Unfallverhütungsvorschrift DGUV Vorschrift 1 „Grundsätze der Prävention" (2014) stellt ein autonomes Recht dar (entsprechend SBG VII), sodass die Vorschrift ein **rechtverbindliches** Regelwerk darstellt.

Analog zu den rechtsverbindlichen Anforderungen aus den arbeitsschutzrechtlichen Regelwerken wird in der DGUV Vorschrift 1 (2014) nur am Rande auf die Ausstellung der Flucht- und Rettungspläne eingegangen.

Unter § 21 Abs. 2 sowie unter § 22 Abs. 1 DGUV Vorschrift 1 (2014) wird Folgendes beschrieben:

„Der Unternehmer hat Maßnahmen zu treffen, die es den Versicherten bei unmittelbarer erheblicher Gefahr ermöglichen, sich durch sofortiges Verlassen der Arbeitsplätze in Sicherheit zu bringen.

[...]

„Der Unternehmer hat entsprechend §10 Arbeitsschutzgesetz die Maßnahmen zu planen, zu treffen und zu überwachen, die insbesondere für den Fall des Entstehens von Bränden, von Explosionen, des unkontrollierten Austretens von Stoffen und von sonstigen gefährlichen Störungen des Betriebsablaufs geboten sind.“

Zusätzlich besagt § 24 Abs. 5 DGUV Vorschrift 1 (2014) Folgendes:

„Der Unternehmer hat dafür zu sorgen, dass den Versicherten durch Aushänge der Unfallversicherungsträger oder in anderer geeigneter schriftlicher Form Hinweise über die Erste Hilfe und Angaben über Notruf, Erste-Hilfe- und Rettungs-Einrichtungen, über das Erste-Hilfe-Personal sowie über herbeizuziehende Ärzte und anzufahrende Krankenhäuser gemacht werden. Die Hinweise und die Angaben sind aktuell zu halten.“

Eine abschließende Aussage zu dem Erfordernis eines Flucht- und Rettungsplans wird nicht getroffen und muss analog zu den arbeitsschutzrechtlichen Vorschriften/Regelwerken anhand der jeweiligen Situation beurteilt werden.

Die jeweilige Situation soll entsprechend der DGUV analog zu der ArbStättV mit dem Hilfsmittel der DGUV Regeln beziehungsweise anhand von Informationen der DGUV beurteilt werden (siehe Kapitel 3.2.4).

3.2 Anforderungen aus Normen und Richtlinien

3.2.1 DIN ISO 23601

Mit Einführung der DIN ISO 23601 „Sicherheitskennzeichnung – Flucht- und Rettungspläne“ im Dezember 2010, die als internationale Norm die bis dahin ausschließlich gültige nationale Norm DIN 4844-2 „Sicherheitskennzeichnung – Teil 2: Darstellung von Sicherheitszeichen“ (2001) ablöste, änderten sich viele Eigenschaften, Gestaltungen und Rahmenbedingungen von Flucht- und Rettungsplänen.

Die DIN ISO 23601 enthält beispielsweise Vorschriften zur Anbringung von Verhaltensregeln im Brandfall und bei Unfällen, jedoch konkretisiert sie nicht die diesbezüglichen Gestaltungsmerkmale und Inhalte. Im informativen Anhang A der Norm sind Musterpläne enthalten, jedoch dienen diese entsprechend der Aussage im nationalen Vorwort lediglich als Beispiele.

Gegenüber DIN ISO 23601:2010-12 wurden folgende Änderungen vorgenommen:

a) Inhalt der Neuausgabe der ISO 23601 übernommen;
b) Norm redaktionell überarbeitet.
(Quelle: DIN ISO 23601, Fassung November 2021)

3.2.2 DIN EN ISO 7010

Vor dem Hintergrund des wachsenden weltweiten Handels und der Globalisierung erfordert gerade der Bereich der Sicherheit eine einheitliche und vor allem verständliche Kommunikation und Darstellung relevanter Informationen für die darauf angewiesenen Personen.

Da dies natürlich auf sprachlicher Ebene nicht zweifelsfrei umsetzbar ist, werden hierzu in erster Linie visuelle Darstellungen verwendet.

Dabei legt die DIN EN ISO 7010, die als internationale Norm Sicherheitsaspekte für Personen regelt, die Sicherheitszeichen fest, die für den Zweck der Unfallverhütung, des Brandschutzes, des Schutzes vor Gesundheitsgefährdungen und für Fluchtwege angewendet werden.

3.2.3 Technische Regeln für Arbeitsstätten – ASR A2.3

Zur Konkretisierung der Anforderungen der Arbeitsstättenverordnung wurden die Technischen Regeln für Arbeitsstätten erstellt, die dem jeweiligen Arbeitgeber als „Hilfsmittel“ zur Verfügung gestellt werden. Somit kann er davon ausgehen, dass er bei Einhaltung der Vorschriften in diesen Regeln die entsprechenden Anforderungen der Arbeitsstättenverordnung erfüllt.

Einen gesetzlichen Charakter weisen diese Anforderungen jedoch nicht auf, sodass je nach Situation entschieden werden muss, ob ein entsprechender Flucht- und Rettungsplan erforderlich ist. Das bedeutet, dass die jeweilige Situation immer noch gegebenenfalls im Rahmen einer Gefährdungsbeurteilung geprüft werden muss.

Die ASR A2.3 „Fluchtwege und Notausgänge“ (2022) beschreibt in Abschnitt 10, wann eventuell Flucht- und Rettungspläne erforderlich sein könnten.

Das Regelwerk formuliert die grundsätzlichen Anforderungen dahingehend, dass für Arbeitsstätten durch den Arbeitgeber Flucht- und Rettungspläne zu erstellen sind. Dies gilt für Gebäude oder Teilbereiche von Gebäuden, in denen die Lage, die Ausdehnung oder die Art der Arbeitsstätte dies erfordert.

Um hier dem jeweiligen Arbeitgeber oder einer von ihm dafür benannten Person (z. B. Fachkraft für Arbeitssicherheit) eine Einschätzung der Erfordernisse zu vermitteln, sind beispielhaft Bereiche aufgeführt, in denen ein Flucht- und Rettungsplan erforderlich sein könnte.

Flucht- und Rettungspläne können z. B. erforderlich sein in Bereichen:

1. *mit unübersichtlicher Fluchtwegführung (z. B. über Zwischengeschosse, durch größere Räume, bei einer gewinkelten oder von den üblicherweise betrieblich genutzten Verkehrswegen abweichenden Wegführung),*
2. *mit einem hohen Anteil an ortsunkundigen Personen (z. B. Arbeitsstätten mit Publikumsverkehr),*
3. *mit einer erhöhten Gefährdung (z. B. Räume nach Abschnitt 5 Absatz 2 Nummer 3 und 4 oder Absatz 3) oder*

4. *wenn sich aus benachbarten Arbeitsstätten Gefährdungsmöglichkeiten ergeben (z. B. durch explosions- bzw. brandgefährdete Anlagen oder Stofffreisetzung).“*

(ASR A2.3, Abschnitt 10.1 [2022])

Entsprechend diesen Randbedingungen soll der jeweilige Arbeitgeber festlegen, ob Flucht- und Rettungspläne erforderlich sind.

Die Darstellung der Flucht- und Rettungswege wird in der ASR A2.3 (2022) nur rudimentär erläutert. Im Einzelnen wird in Abschnitt 10.2 Folgendes beschrieben:

„Flucht- und Rettungspläne müssen aktuell, übersichtlich, gut lesbar und farblich unter Verwendung von Sicherheitsfarben sowie von Rettungs- und Brandschutzzeichen gestaltet sein. Angaben zur Gestaltung von Flucht- und Rettungsplänen siehe ASR A1.3 „Sicherheits- und Gesundheitsschutzkennzeichnung“.

Hinweis

Sofern in der Arbeitsstätte noch Vorgängerversionen der Rettungs- und Brandschutzzeichen verwendet werden, sollen diese auch im Flucht- und Rettungsplan verwendet werden. Wenn in der Arbeitsstätte die nach ASR A1.3 „Sicherheits- und Gesundheitsschutzkennzeichnung“ gültigen Sicherheitszeichen zur Anwendung kommen, ist auch der Flucht- und Rettungsplan entsprechend anzupassen.“

Hierbei ist zu beachten, dass die ASR A1.3 (2022) auf die weiterführende Norm DIN ISO 23601 (siehe Kapitel 3.2.1) verweist.

3.2.4 DGUV Regel 100-001

Die Regeln der Deutschen Gesetzlichen Unfallversicherung (DGUV) stehen zu den DGUV Vorschriften wie die ASR zu der ArbStättV.

Dies bedeutet, dass die DGUV die Regeln als „Hilfsmittel“ zur Verfügung gestellt hat, sodass der Arbeitgeber oder Unternehmer, insofern er die darin aufgeführten Anforderungen erfüllt, davon ausgehen kann, dass er die Rechtsgrundlagen für die gesetzliche Unfallversicherung (Siebtes Buch Sozialgesetzbuch [SGB VII]) einhält.

Hierbei muss allerdings beachtet werden, dass die Regeln der DGUV keinen gesetzesverbindlichen Charakter haben und somit je nach Situation entschieden werden sollte, ob ein Flucht- und Rettungsplan erforderlich ist.

Analog zu den Anforderungen der ASR lässt sich für eine gegebenenfalls abweichende Ausführung der Flucht- und Rettungspläne keine behördliche Genehmigung einholen, da Abweichungen von nicht gesetzlich bindenden Regelwerken nicht genehmigt werden können. Dies bedeutet schlussendlich, dass die DGUV erst nach Eintreten eines Schadensereignisses prüft, ob die Anforderungen eingehalten wurden.

Unter Punkt 4.4.1 zitiert die DGUV Regel 100-001 „Grundsätze der Prävention“ (2014) § 22 Abs. 1 der DGUV Vorschrift 1, der besagt:

„Der Unternehmer hat entsprechend § 10 Arbeitsschutzgesetz die Maßnahmen zu planen, zu treffen und zu überwachen, die insbesondere für den Fall des Entstehens von Bränden, von Explosionen, des unkontrollierten Austretens von Stoffen und von sonstigen gefährlichen Störungen des Betriebsablaufs geboten sind."

Im Kapitel 4.4 „Notfallmaßnahmen" beschreibt die DGUV Regel 100-001 (2014), wann ein Flucht- und Rettungsplan unter Umständen erforderlich sein kann:

„Zu den Notfallmaßnahmen gehört z. B. die Aufstellung

- *eines Alarmplanes,*
- *eines Flucht- und Rettungsplanes,*
- *einer Brandschutzordnung,*
- *eines Notfallplanes für unerwartete Situationen, z. B. Amokfall im Sinne der Ziffer 4.3.2."*

Analog zu den Technischen Regeln für Arbeitsstätten müssen Arbeitgeber in Unternehmen, deren Lage, Ausdehnung und Art der Nutzung es erfordern, einen Flucht- und Rettungsplan erstellen.

Dazu gehören z. B. Arbeitsstätten (Unternehmen) mit großer räumlicher Ausdehnung oder mit weitläufigen Produktionsstätten, große Bürogebäude oder Gebäude mit unübersichtlichen Gängen, Treppen und Verkehrswegen.

Weiter können in Gebäuden oder Arbeitsstätten, in denen sich regelmäßig eine große Anzahl von ortsunkundigen Personen oder Personen mit eingeschränkter Mobilität aufhält, sowie in Arbeitsstätten, die mit gefährlichen Stoffen umgehen (z. B. Raffinerien, chemische Industrie, Laboratorien), Flucht- und Rettungspläne erforderlich sein.

Zusätzlich zu den beschriebenen Anforderungen aus der ASR besagen die DGUV Regeln auch, dass beispielsweise in Schulen und Kindertageseinrichtungen entsprechende Flucht- und Rettungspläne erforderlich sind.

In einem Flucht- und Rettungsplan, der auch den Alarmplan entsprechend der DGUV einschließen kann, werden die Verhaltensweisen und Abläufe in Notfällen, wie Brand, Evakuierung oder Unfall, grafisch unterstützt dargestellt.

Diese Pläne werden an geeigneten Stellen im Unternehmen ausgehängt. Sprache (ggf. mehrsprachig, einfacher Text) und Darstellung (genormte Symbole z. B. DIN EN ISO 7010) sollten so gewählt werden, dass sich auch fremde Personen in dem Unternehmen leicht orientieren können.

Im Rahmen der Unterweisung müssen die Versicherten mit dem Flucht- und Rettungsplan vertraut gemacht werden, dazu gehört auch eine regelmäßige praktische Übung.

Sofern sich in einem Objekt regelmäßig fremde Personen oder solche mit eingeschränkter Mobilität aufhalten, wie beispielsweise in Verkaufsstätten, Krankenhäusern, Behindertenwerkstätten oder Pflegeheimen, können hier für eine ordnungsgemäße Flucht oder Rettung gegebenenfalls zusätzlich

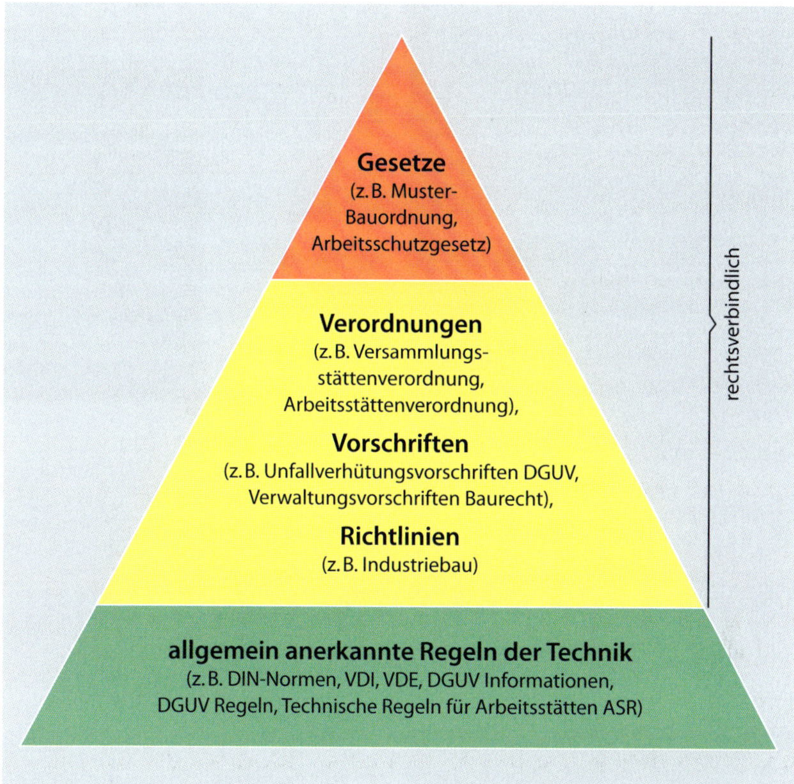

Abb. 3.9: Anforderungsniveau zur Erstellung von Flucht- und Rettungsplänen

Maßnahmen vorgesehen und in einem Flucht- und Rettungsplan berücksichtigt werden (z. B. Lage von sicheren Verkehrsflächen/Wartepositionen für Rollstuhlfahrer).

Merksatz

> **Aus den Vorschriften des Themenfeldes Arbeitsschutz lassen sich Stück für Stück weitere Konkretisierungen entnehmen, bis schlussendlich die Anforderungen bzw. Angaben zu den Flucht- und Rettungsplänen in den anerkannten Regeln der Technik erreicht sind.**

Zusammenfassend lässt sich das Anforderungsniveau zur Erstellung von Flucht- und Rettungsplänen auf Grundlage einer hierarchischen Pyramide ganz einfach beschreiben (siehe Abb. 3.9).

Die in der Praxis oftmals als Primärgrundlage benannte Literatur besteht zum größten Teil aus Schriftstücken der allgemein anerkannten Regeln der Technik und liegt somit weit unterhalb von Regelwerken mit Gesetzescharakter.

4 Erstellen von Flucht- und Rettungsplänen

Mit Einführung der DIN ISO 23601 wurden einige wesentliche Änderungen gegenüber der alten nationalen Norm DIN 4844 durchgeführt. Hierbei handelt es sich vor allem um nachfolgende Änderungen:

„*a) ISO 23601:2009 übernommen;*
b) farbliche Kennzeichnung des Standortes des Betrachters geändert;
c) farbliche Unterscheidung der horizontalen und vertikalen Fluchtwege entfallen;
d) abhängig von der Ausdehnung einer baulichen Anlage neue Mindestmaßstäbe für die Pläne festgelegt;
e) Plangröße für Aushänge in einzelnen Räumen festgelegt;
f) Regeln für das Verhalten im Brandfall und bei Unfällen auch separat in der Nähe der Pläne zulässig;
g) Festlegungen zum Anbringungsort der Pläne aufgenommen;
h) Darstellung der beispielhaften Musterpläne im informativen Anhang A geändert.“ (DIN ISO 23601, S. 3)

4.1 Gestaltung

4.1.1 Allgemeine Gestaltung

Sollen Informationen an verschiedene Nutzer unterschiedlicher Herkunft und Kulturen weitergegeben werden, so ist die Gestaltung und Erkennbarkeit von Flucht- und Rettungsplänen, besonders in öffentlichen Gebäuden, der elementare Schlüssel.

Deshalb müssen Flucht- und Rettungspläne nach DIN ISO 23601 (2021), Abschnitt 6, hinsichtlich der Größe ihrer Elemente folgende Anforderungen erfüllen (s. a. Beispiele zur Buchstabenhöhe und Höhe der Überschrift in Tabelle 4.1):

„*a) Auf Flucht- und Rettungsplänen dargestellte Informationen müssen aus der vorgesehenen Erkennungsweite gut lesbar sein. Die Mindesthöhe der Buchstaben muss 2 mm betragen. Es sollten Schrifttypen gewählt werden, die bei der vorgesehenen Erkennungsweite eine optimale Lesbarkeit sicherstellen.*
b) Die Mindesthöhe der Überschrift muss 7 % des Flucht- und Rettungsplanes betragen, bezogen auf die kürzere Blattseite. Die Buchstabenhöhe muss mindestens 60 % der Höhe der Überschrift betragen. […]
c) Die Sicherheitszeichen auf Flucht- und Rettungsplänen müssen eine Mindesthöhe von 7 mm aufweisen.
d) Die Linienbreite zur graphischen Darstellung der Wände der baulichen Anlage muss mindestens 1,6 mm betragen. Innere Trennwände sind durch Linienbreiten von mindestens 0,6 mm darzustellen. Werden Einzelheiten auf dem Plan ausgewiesen (z. B. Treppen, Regale, Fenster), so sind diese mit einer Linienbreite von mindestens 0,15 mm darzustellen.

Bei der Darstellung von langen Fluchtkorridoren sollten architektonische Details oder Ausstattung so angegeben werden, dass der Nutzer eine Vorstellung von dem Maßstab bzw. der Entfernung erhält." (DIN ISO 23601, S. 10)

Tabelle 4.1: Beispiele für die Mindestgröße der Überschrift und der Buchstaben (Quelle: DIN ISO 23601, Abschnitt 6, S. 10)

Größe des Flucht- und Rettungsplanes mm × mm	Höhe des Flucht- und Rettungsplanes mm	Höhe der Überschrift mm	Höhe der Großbuchstaben mm
297 × 420 (A3)	297	21	13
420 × 594 (A2)	420	30	18
594 × 841 (A1)	594	42	26
841 × 1189 (A0)	841	59	36

Wie Tabelle 4.1 zeigt, ist die erforderliche Schriftgröße jeweils abhängig von der Plangröße. Diese unterschiedlichen Skalierungen stellen sicher, dass die Darstellung und Gestaltung, trotz unterschiedlicher Größen der Pläne, eine verhältnismäßig gleiche Darstellung der einzelnen Elemente bietet.

Merksatz

> **Erkennbarkeit ist abhängig von dem Verhältnis der Plangröße zu Planinhalten**

4.1.2 Farbgestaltung

Die folgenden, aus der DIN ISO 23601 zitierten, wesentlichen farblichen Merkmale der Flucht- und Rettungsplangestaltung sollen, gerade im Hinblick auf die unterschiedlichen Kontrastfarben, dem Anwender eine eindeutige Wahrnehmung und Erkennbarkeit ermöglichen.

„*7.7.1 Fluchtwege*

Richtungspfeile [siehe Abb. 4.1] *müssen in der Sicherheitsfarbe Grün nach ISO 3864-4 dargestellt werden. Fluchtwege müssen in einem helleren Grün hervorgehoben werden, um einen ausreichenden Kontrast zu den Pfeilen zu erhalten. […]*

7.7.2 Sicherheitszeichen

Die Sicherheitszeichen müssen in Sicherheitsfarben nach ISO 3864-1 und ISO 3864-4 dargestellt werden.

7.7.3 Standort

Der Standort [siehe Abb. 4.2] *muss in der Sicherheitsfarbe Blau nach ISO 3864-4 dargestellt werden.*

Abb. 4.1: Richtungspfeil

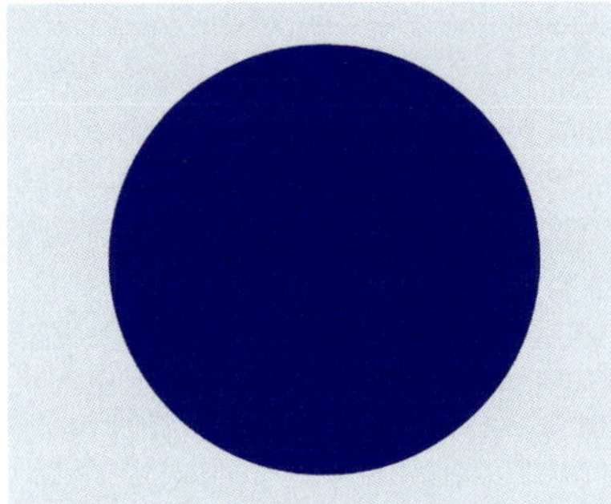

Abb. 4.2: Standortmarkierung

7.7.4 Hintergrundfarbe

Die Farbe des Hintergrundes muss Weiß oder nachleuchtend Weiß nach ISO 3864-1 und ISO 3864-4 sein.

Darstellung von Teilen der baulichen Anlage

Die Umrisslinie von Teilen der baulichen Anlage muss in Schwarz dargestellt werden.

7.7.6 Überschrift

Die Überschrift muss in der Sicherheitsfarbe Grün und der Kontrastfarbe nach ISO 3864-1 und ISO 3864-4 dargestellt werden.

7.7.7 Text

Die normale Textfarbe muss Schwarz sein. Zur besonderen Hervorhebung dürfen andere Farben verwendet werden." (DIN ISO 23601, Abschnitt 7.7, S. 13)

4.2 Inhalte eines Flucht- und Rettungsplans

4.2.1 Allgemeines

Um die grundlegenden Informationen an die Nutzer zu vermitteln, müssen Flucht- und Rettungspläne gemäß DIN ISO 23601 folgende Anforderungen erfüllen:

„*a) Der genaue Standort des Betrachters muss angegeben werden.*

[...]

j) Die Ausrichtung des angebrachten Planes muss aus der Sicht des Betrachters lagerichtig sein, sodass Objekte zur Linken des Betrachters im Plan links dargestellt sind und Objekte zur Rechten des Betrachters im Plan rechts dargestellt sind." (DIN ISO 23601, Abschnitt 5 j, S. 9)

Die Umsetzung der Informationen eines Flucht- und Rettungsplans, der im Wesentlichen die Wegführung in einen sicheren Bereich beziehungsweise ins Freie vermitteln soll, muss dem Nutzer von seinem aktuellen Standpunkt den kürzesten Weg dorthin aufzeigen. Deshalb ist die Darstellung des Standortes von höchster Priorität.

„*b) Flucht- und Rettungspläne müssen farbig angelegt sein.*“ (DIN ISO 23601, Abschnitt 5 b, S. 9)

Wie Kapitel 4.1.2 bereits verdeutlicht, ist die farbliche Darstellung für eine zweifelsfreie Erkennbarkeit ausschlaggebend, da gerade in öffentlichen Gebäuden (Sonderbauten), wie beispielsweise in Verkaufsstätten, oftmals Werbeanlagen, Banner und sonstige Anzeigen zur Informationsvermittlung vorhanden sind, sodass eine monotone Darstellung der Flucht- und Rettungspläne optisch untergehen könnte. Die farbliche Hervorhebung und die Verwendung von Kontrastfarben in den Plänen verstärkt dagegen ihre klare Erkennbarkeit. Weiter legt die DIN ISO 23601 in Abschnitt 5 Größe und Maßstab der Flucht- und Rettungspläne fest:

„*c) Der Maßstab für den Flucht- und Rettungsplan ist abhängig von der Größe der baulichen Anlage, des darzustellenden Detaillierungsgrades und des vorgesehenen Anbringungsortes des Flucht- und Rettungsplanes. Die folgenden Mindestmaßstäbe sind anzuwenden:*

- *1:250 für große bauliche Anlagen;*
- *1:100 für kleine und mittlere bauliche Anlagen;*
- *1:350 für Pläne, die in einzelnen Räumen angebracht werden.*

Für detaillierte Elemente wie Treppen oder Flure darf ein größerer Maßstab gewählt werden, um diese Elemente hervorzuheben oder um die Platzierung von Sicherheitszeichen auf dem Flucht- und Rettungsplan zu ermöglichen. Bei mehreren Flucht- und Rettungsplänen für dieselbe bauliche Anlage sollte für alle Pläne der gleiche Maßstab gewählt werden. Für spezielle Bereiche der baulichen Anlage, z. B. Parkplätze oder technische Bereiche, können andere Maßstäbe gewählt werden, um freie Flächen zu berücksichtigen.

[…]

h) Die Mindestgröße für einen Flucht- und Rettungsplan beträgt 297 mm × 420 mm (A3). Davon ausgenommen sind Flucht- und Rettungspläne zur Anbringung in einzelnen Räumen. In diesem Fall darf die Größe des Plans auf 210 mm × 297 mm (A4) verringert werden. Eine Toleranz von 5 % ist zulässig.“ (DIN ISO 23601, S. 9)

Die Festlegung der erforderlichen Größe eines Flucht- und Rettungsplans ist von seinem Einsatzort abhängig. So kann in großen industriellen Gebäuden (Industriehallen) eine Darstellung in A4 oder A3 kaum vom Weitem wahrgenommen werden. In Beherbergungsräumen in Hotels ist eine Darstellung auf der Türinnenseite im DIN A4 Format dagegen ausreichend. Der Grund für diese unterschiedliche Größe liegt in der Entfernung des Anwenders zum Plan. Im Hotel steht der Anwender unmittelbar vor der Tür und kann die Informationen erkennen. In größeren Hallen besteht möglicherweise keine Chance, unmittelbar vor den Plänen stehenzubleiben, da womöglich andere (Sicherheits-) Einrichtungen in unmittelbarer Nähe aufgestellt sind. Deshalb wird die Größe der Pläne von der Entfernung und Erkennbarkeit abhängig gemacht.

„*d) Alle Flucht- und Rettungspläne einer baulichen Anlage müssen einheitlich im Layout dargestellt werden.*“ (DIN ISO 23601, S. 9)

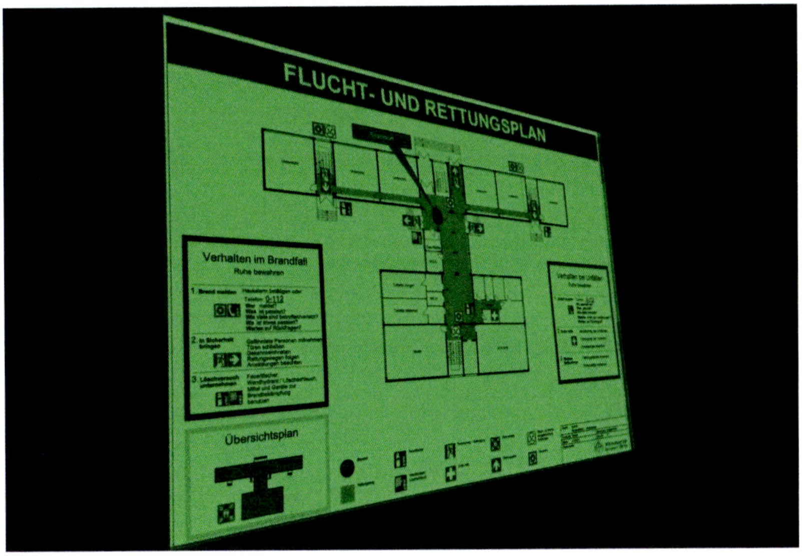

Abb. 4.3: Flucht- und Rettungsplan auf fluoreszierenden Untergrund

Wenn sich ein Nutzer mit den Plänen vertraut macht, ist es Ziel der Darstellung, dass dieser auch alle anderen Pläne unmittelbar interpretieren und sich an ihnen orientieren kann. Hierzu ist die einheitliche Darstellung maßgeblich.

„e) Damit die Flucht- und Rettungspläne gut sichtbar und lesbar sind, müssen sie unter Allgemeinbeleuchtung vertikal mit mindestens 50 lx ausgeleuchtet werden. Wird bei Ausfall der Allgemeinbeleuchtung eine Sicherheitsbeleuchtung eingesetzt, müssen Flucht- und Rettungspläne aus gewöhnlichen (nicht langnachleuchtenden) Materialien oder aus langnachleuchtenden Materialien vertikal mit mindestens 5 lx ausgeleuchtet werden. Ist keine Sicherheitsbeleuchtung vorhanden oder ist ein langnachleuchtendes Sicherheitsleitsystem nach ISO 16069 vorhanden, dürfen Flucht- und Rettungspläne aus langnachleuchtenden Materialien verwendet werden [siehe Abb. 4.3]. *In allen Fällen muss das langnachleuchtende Material mindestens der Klasse C nach ISO 17398 entsprechen.*

f) Um Sicherheitsfarben auf den Plänen erkennen zu können, muss der Mindestwert für das Lichtspektrum Ra ≥ 40 sein. Der Leuchtkörper darf diesen nicht wesentlich schmälern. Sind Flucht- und Rettungspläne aus langnachleuchtenden Materialien hergestellt, sind sie durch weiße Leuchtstofflampen anzuregen. Niederdrucknatriumlampen dürfen nicht verwendet werden.

g) Der Hintergrund der Flucht- und Rettungspläne muss in der Sicherheitsfarbe Weiß oder nachleuchtend Weiß nach ISO 3864-4:2011, Tabelle 1, angelegt sein.

[...]

i) Flucht- und Rettungspläne müssen immer auf dem neuesten Stand sein.“
(DIN ISO 23601, S. 9)

Abb. 4.4: Überschrift eines Flucht- und Rettungsplans

Die letztere Anforderung sollte selbstverständlich sein. Ein Plan, der nicht den aktuellen Istzustand einer baulichen Anlage anzeigt, ist hinsichtlich seiner eigentlich intendierten Informationsweitergabe unbrauchbar.

„*k) Sind Erste-Hilfe- und Brandbekämpfungseinrichtungen auf dem Plan ausgewiesen, so müssen Sicherheitszeichen verwendet werden, die denen in der baulichen Anlage und denen der ISO 7010 entsprechen.*“ (DIN ISO 23601, S. 10)

Die Darstellung der einheitlichen Sicherheitszeichen soll auch hier keinen weiteren Interpretationsspielraum des Anwenders offenlassen, sondern direkte und klare Hinweise geben.

„*l) Flucht- und Rettungspläne müssen eine Legende haben.*“ (DIN ISO 23601, S. 10)

Da die wenigsten Personen, die sich in öffentlichen Gebäuden aufhalten, in der Lage sein werden, die ausgehängten Flucht- und Rettungspläne allein aufgrund ihrer bildlich vermittelten Informationen zu verstehen, sind auch in Flucht- und Rettungsplänen einige erläuternde Worte zu den bildlichen Darstellungen verzeichnet.

„*m) Flucht- und Rettungspläne müssen eine Standardüberschrift haben mit den Worten ‚Flucht- und Rettungsplan‘ in der/den Landessprache(n).*

n) In Flucht- und Rettungsplänen müssen Sammelstellen entweder im Detailplan oder im Übersichtsplan dargestellt werden.“ (DIN ISO 23601, S. 10)

Nach dem Verlassen eines Gebäudes ist es für einen gezielten und effektiven Feuerwehrangriff ausschlaggebend, die Zahl der noch im Gebäude befindlichen Personen zu kennen. Daher soll die Flucht der Menschen aus dem Gebäude im Freien meist zu einer Sammelstelle führen. Im Gegensatz zu Mitarbeitern einer baulichen Anlage, die geschult sind und die Gegebenheiten kennen, kann jedoch in öffentlichen Gebäuden nicht von allen Personen erwartet werden, dass diese den Sammelplatz aufsuchen und dort verweilen, insbesondere in einer kalten oder regnerischen Jahreszeit.

Die Praxis zeigt, dass nicht ortsansässige Personen im Ernstfall das Gebäude verlassen und dann Ihren Heimweg oder einen anderen Weg einschlagen, aber nicht zum Sammelplatz gehen. Dennoch ist die Darstellung des Sammelplatzes für ein ganzheitliches sicherheitstechnisches Konzept und den Ablauf einer Räumung wichtig.

4.2.2 Überschrift

Auch die Gestaltung der Überschrift, die den Flucht- und Rettungsplan als solchen ausweist, legt die DIN ISO 23601 im Detail fest.

„*Jeder Flucht- und Rettungsplan muss eine Überschrift haben. Für die Überschrift kann sowohl Groß- als auch Kleinschreibung verwendet werden* [siehe Abb. 4.4].“ (DIN ISO 23601, S. 10)

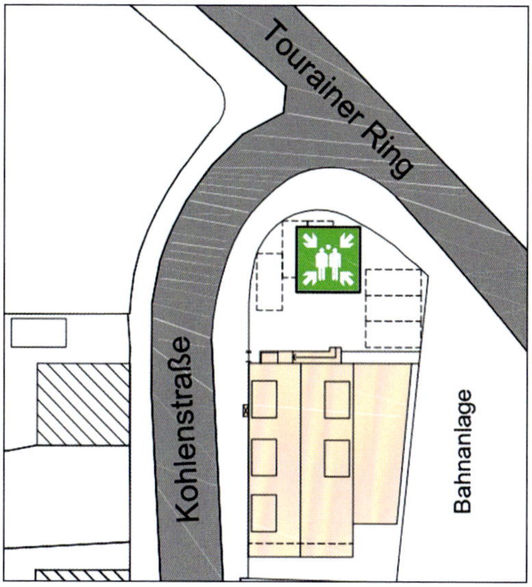

Abb. 4.5: Übersichtsplan eines Flucht- und Rettungsplans

4.2.3 Übersichtsplan

Ein Übersichtsplan soll es dem Betrachter ermöglichen, den im Flucht- und Rettungsplan dargestellten Ausschnitt des Objekts innerhalb der gesamten Anlage zu verorten. Wiederum enthält die DIN ISO 23601 diesbezüglich sehr exakte Anweisungen.

„Jeder Flucht- und Rettungsplan muss einen Übersichtsplan enthalten; ausgenommen hiervon sind die Flucht- und Rettungspläne, in denen der Flucht- und Rettungsplan einer baulichen Anlage selbst bereits eine Übersicht darstellt [siehe Abb. 4.5].

Ein Übersichtsplan muss folgende Einzelheiten enthalten:

a) die Sammelstelle(n);
b) den Gesamtplan der baulichen Anlage/des Grundstückes, wobei der vom Detailplan betroffene Bereich zu markieren ist;
c) eine vereinfachte Darstellung der Umgebung (z. B. Straßen, Parkplätze, andere bauliche Anlagen).

Die Größe des Übersichtsplanes darf 10 % der Fläche des Flucht- und Rettungsplanes nicht überschreiten.“ (DIN ISO 23601, S. 11)

Abb. 4.6: Pfeil, der die Richtung zu einem Notausgang aufzeigt (ISO 3864-3, Pfeil Typ D) (Quelle: DIN ISO 23601, Bild 1, S. 11)

4.2.4 Detailplan

Auch zur Gestaltung des Detailplans, des eigentlichen „Herzstücks" des Flucht- und Rettungsplans, macht die DIN ISO 23601 sehr genaue Angaben.

„Der Detailplan muss folgende Einzelheiten enthalten:

a) den Grundriss des relevanten Teils der baulichen Anlage, der so abgeändert wird, dass
  - *unwichtige Einzelheiten entfernt sind,*
  - *alle wichtigen Bestandteile hervorgehoben sind,*
  - *die Lesbarkeit und Verständlichkeit verbessert wird,*
  - *der Plan nach dem Standort des Betrachters lagerichtig dargestellt ist,*

b) alle Notausgänge sowie horizontale und vertikale Fluchtwege. Wenn Richtungsanweisungen von einem spezifischen Standort aus gegeben werden, so haben diese Richtungsinformationen mit einem Pfeil des Typs D nach ISO 3864-3 zu erfolgen [siehe Abb. 4.6].

c) den Standort des Betrachters („Sie befinden sich hier");

d) Treppen;

e) alle Vorrichtungen zur Evakuierung von Personen mit Behinderungen;

f) Standort und Art der Geräte für die erste Brandbekämpfung sowie Notfall- und Rettungsausrüstung z. B. Brandmelder, Feuerlöscher, Wandhydranten/Löschschläuche, Erste-Hilfe-Einrichtungen; Kann der tatsächliche Anbringungsort der Sicherheitszeichen wegen des angewendeten Maßstabes nicht dargestellt werden, so dürfen die Sicherheitszeichen im nächstgelegenen freien Bereich platziert werden, wobei mittels einer Hinweislinie auf den tatsächlichen Anbringungsort verwiesen wird.

g) Aufzüge als architektonisches Element."
(DIN ISO 23601, S. 11 f.)

Verhaltensregeln

Brandfall
- Brandmelder betätigen
- Telefon-Nr. 333 anrufen
- Ihren Namen und den Ort angeben
- Fenster und Türen schließen (nicht abschließen)
- Anweisungen der Feuerwehr beachten

Evakuierung
- Elektrische Geräte ausschalten
- Anweisungen der Feuerwehr beachten
- Sofort in Sicherheit bringen, nicht rennen
- Zur Sammelstelle außerhalb des Gebäudes begeben

Abb. 4.7: Bildausschnitt der Darstellung (exemplarisch) der Verhaltensregeln nach DIN ISO 23601 (Quelle: DIN ISO 23601, Bild A.2)

Abb. 4.8: Exemplarische, allgemein übliche Gestaltung von Verhaltensregeln. Diese können entweder innerhalb des Detailplans eingebettet werden oder als separater Aushang z.B. neben einem Flucht- und Rettungsplan in den Aushang gebracht werden.

4.2.5 Verhaltensregeln

Gemäß den Angaben des nationalen Vorwortes der DIN ISO 23601 sind Verhaltensregeln anzubringen, jedoch sind darin keine Angaben zu deren konkreter Darstellung und Gestaltung enthalten.

In der beispielhaften Darstellung im Anhang A DIN ISO 23601 (siehe Abb. 4.7) werden die Verhaltensregeln wie folgt dargestellt:

Die Darstellung einer unauffälligen Umrandung mit lediglich in fetter Schrift hervorgehobenen Überschriften sorgt in der Praxis kaum für Aufmerksamkeit. Da diese Gestaltung in der DIN ISO 23601 nicht abschließend festgelegt ist, bleibt somit Spielraum in der Darstellung.

Ähnlich wie bei den Sicherheits- und Brandschutzzeichen, bei denen erstere grün und letztere rot dargestellt werden, hat sich in der Praxis auch die Darstellung der Verhaltensregeln in farbigen Ausführungen durchgesetzt (siehe Abb. 4.8).

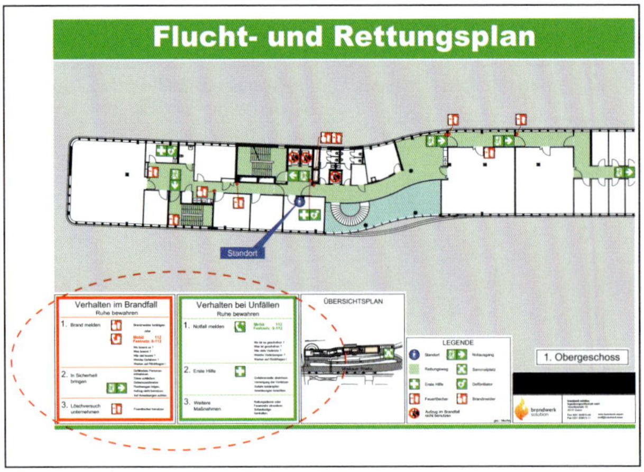

Abb. 4.9: Verhaltensregeln in einem Flucht- und Rettungsplan

Weiterhin ist nicht festgelegt, wo diese Verhaltensregeln angebracht werden müssen. Sie können nach DIN entweder in den Plan integriert oder in dessen Nähe angebracht werden. In den meisten Fällen werden diese Verhaltensregeln in die Flucht- und Rettungspläne integriert (siehe Abb. 4.9), da Bauwerke auch gestalterischen Aspekten unterliegen.

4.2.6 Legende

„Die Legende ist auf dem Flucht- und Rettungsplan darzustellen. Sie hat die Bedeutung der im Flucht- und Rettungsplan angewendeten Sicherheitszeichen, der grafischen Symbole und des Farbcodes zu erläutern." (DIN ISO 23601, S. 12)

4.2.7 Sonstige Informationen

„Folgende Informationen müssen auf dem Flucht- und Rettungsplan angegeben sein:

a) Planersteller,
b) Name der baulichen Anlage,
c) Geschossbezeichnung,
d) Datum der Planerstellung und Revisionsnummer,
e) Plannummer." (DIN ISO 23601, S. 12)

Diese zusätzlichen redaktionellen/formalen Angaben werden zur eindeutigen Identifizierung der Pläne benötigt. Denn der Nutzer einer Anlage benötigt die Plannummern und Geschossbezeichnungen zur Orientierung, ein Sicherheitsbeauftragter dagegen das Erstellungsdatum des Plans zur Prüfung seiner Aktualität.

Merksatz

> **In Flucht- und Rettungsplänen müssen dem Betrachter viele Informationen schnell und unmissverständlich übermittelt werden. Daher sind Farben, Erläuterungen und einfache Strukturen unumgänglich.**

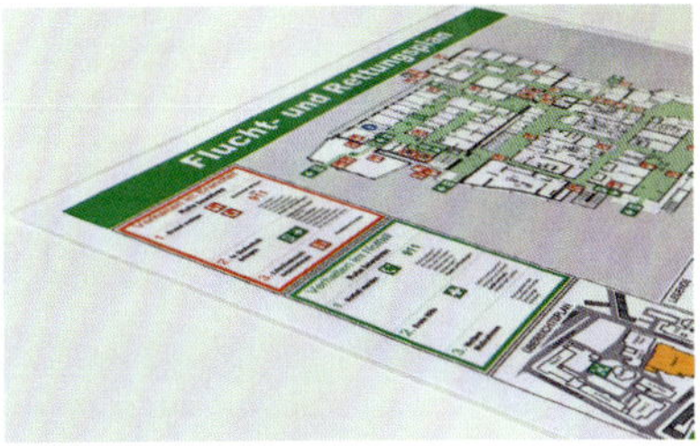

Abb. 4.10: Flucht- und Rettungsplan als laminierter Ausdruck

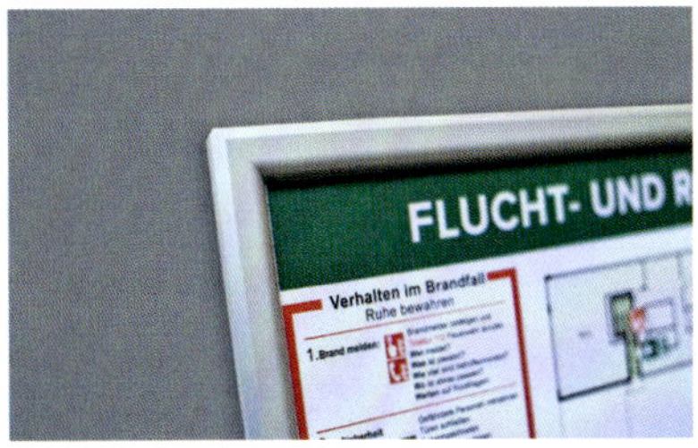

Abb. 4.11: Flucht- und Rettungsplan als Papierausdruck in einem Alu-Klapp-Rahmen (Quelle: www.akzeichenbuero.de)

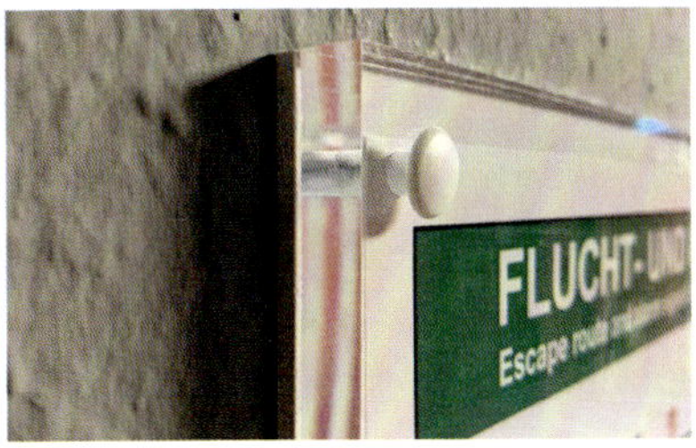

Abb. 4.12: Flucht- und Rettungsplan in einem Glasrahmen

Abb. 4.13: Flucht- und Rettungsplan in einem Doppel-Acrylglasrahmen (Quelle: www.akzeichenbuero.de)

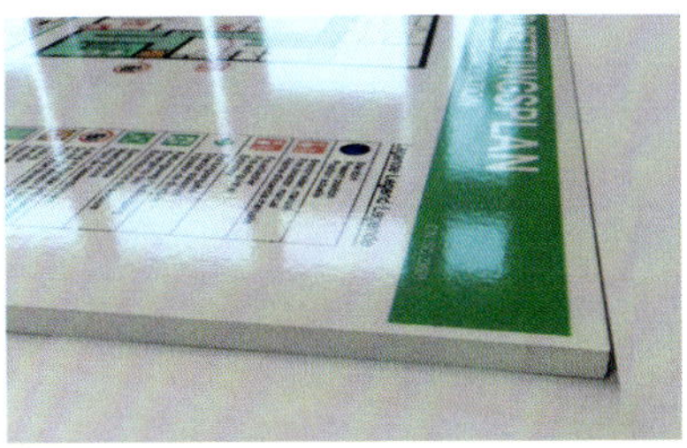

Abb. 4.14: Flucht- und Rettungsplan in einer Rahmung aus Forex (Hartschaumplatten) (Quelle: Printec Satz + Druck, Straußberg)

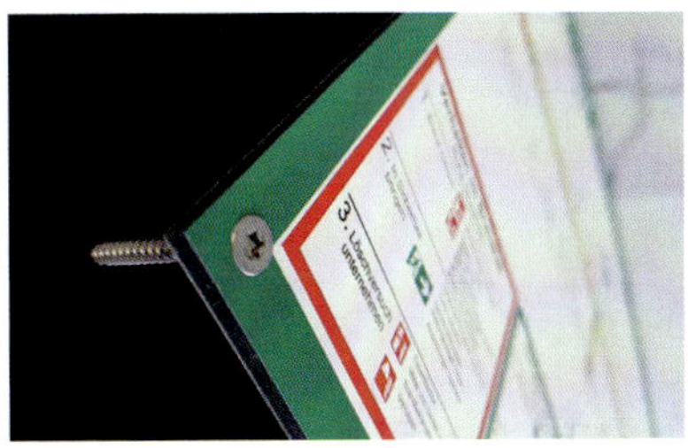

Abb. 4.15: Flucht- und Rettungsplan auf Aludibond-Platte (Quelle: RLS Elektronische Informationssysteme GmbH, Lauterbach)

4.3 Ausführung

4.3.1 Materialien

Gemäß den Anforderungen der DIN ISO 23601 Abschnitt 8 sind Flucht- und Rettungspläne aus Materialien zu fertigen, die den Umgebungseinflüssen am Anbringungsort für die erwartete Nutzungsdauer widerstehen. Diese muss beispielsweise hinsichtlich der Lichtbeständigkeit und Feuchtebeständigkeit gewährleistet sein.

Mögliche Materialarten sind u. a.

- laminierte Ausdrucke (siehe Abb. 4.10)
- Papierausdruck in Alu-Klapp-Rahmen (siehe Abb. 4.11)
- Doppel-Acrylglas oder Glasrahmen (siehe Abb. 4.12 und 4.13)
- Forexplatten (Hartschaumplatten) (siehe Abb. 4.14)
- Aludibond-Platten (siehe Abb. 4.15)

Merksatz

> **Viele Materialien eignen sich zur Herstellung von Flucht- und Rettungsplänen und sind in der Praxis meist frei auswählbar – soweit sie dem Mindestniveau der Erkennbarkeit genügen**

4.3.2 Standorte

Auch zu geeigneten Anbringungsorten für Flucht- und Rettungspläne macht die DIN ISO 23601 in Abschnitt 9 sehr exakte Angaben:

„Flucht- und Rettungspläne sind so anzubringen, dass sie sich von der Umgebung deutlich abheben und sichergestellt ist, dass sie für den vorgesehenen Nutzer zugänglich und gut lesbar sind.

Die Flucht- und Rettungspläne müssen dauerhaft befestigt werden. Die Pläne müssen angebracht werden:

a) an Stellen, an denen die Nutzer der baulichen Anlage sich über die Fluchtmöglichkeiten informieren können;
b) an strategischen Stellen des Fluchtweges, z. B.:
- *an den Hauptzugängen zu den Geschossen,*
- *in der Nähe von Aufzügen und Treppen,*
- *in jedem Zimmer, z. B. in Hotelzimmern,*
- *an geeigneten Versammlungsorten, z. B. Cafeterias, Bürozentren, Treffpunkten,*
- *an Flurgabelungen und Abzweigungen."* (DIN ISO 23601, S. 13)

4.3.3 Montagehöhe

Auf welcher Höhe Flucht- und Rettungspläne aufgehangen werden sollten, geht weder aus der aktuellen DIN ISO 23601 noch aus der ASR A2.3 hervor.

Ein Hinweis auf die Vorgabe der Montagehöhe bei Flucht- und Rettungsplänen findet sich in der abgelösten DIN 4844-3, welche im Jahre 2003 erstellt wurde, um Flucht- und Rettungspläne deutschlandweit einheitlich darzustellen.

Unter § 7 Anbringung von Flucht- und Rettungsplänen ist beschrieben:

„Flucht- und Rettungspläne sind in einer Höhe von etwa 1,60 m, gemessen vom Boden zur Planmitte, zu montieren."

Mit Einführung der DIN ISO 23601 im Jahre 2009 wurde die DIN 4844-3 abgelöst. Die Forderung nach einer Montagehöhe von 1,60 m, gemessen vom Boden zur Planmitte, wurde nicht übernommen.

Allerdings hat sich in der Praxis die vorgenannte Montagehöhe durchaus als praktikabel erwiesen und wird vielerorts bis heute so umgesetzt. Im Einzelfall sollte die Montagehöhe jedoch der Gegebenheit angepasst werden.

4.4 Symbolik

Gemäß den grundlegenden Angaben der DIN EN ISO 7010, die die Darstellung der Sicherheitszeichen auch für Flucht- und Rettungspläne festlegt, werden in Abschnitt 4.3 folgende Abkürzungen der Symbolbezeichnungen genutzt:

„*E Kategorie für Zeichen, die einen Fluchtweg, den Ort einer Erste-Hilfe-Einrichtung oder ein sicheres Verhalten kennzeichnen (Rettungszeichen)*
F Kategorie für Brandschutzzeichen“ (DIN EN ISO 7010, S. 16)

4.4.1 Sicherheitszeichen

Die für die Erstellung von Flucht- und Rettungsplänen im Wesentlichen erforderlichen Sicherheitszeichen sind in den Tabellen 3 und 4 der DIN EN ISO 7010 enthalten (siehe Abb. 4.16 und 4.18).

Neben der DIN ISO 7010 werden die Rettungszeichen auch in den nationalen Technischen Regeln für Arbeitsstätten ASR A1.3 (2022) wiedergegeben. Es lassen sich jedoch Unterschiede feststellen.

Die in der DIN ISO 7010 dargestellten Rettungszeichen E018 und E019 (siehe Abb. 4.16) finden sich in den nationalen Technischen Regeln für Arbeitsstätten ASR A1.3 (2022) nicht wieder.

In der ASR A1.3 (2022) ist jedoch ein weiteres Rettungszeichen gegenüber der DIN ISO 7010 aufgenommen, welches als D-E019 betitelt wird (siehe Abb. 4.17).

Gemäß der Fußnote 15 kommt dieses Rettungszeichen aus der DIN 4844-2 „Grafische Symbole - Sicherheitsfarben und Sicherheitszeichen – Teil 2: Registrierte Sicherheitszeichen“ (2021) und steht für einen Notausstieg.

In erster Linie lässt sich dieses Rettungszeichen dort anwenden, wo eine Flucht aus einem Fenster ohne weitere Hilfsmittel, wie z. B. einer Leiter, möglich ist. Dies ist insbesondere in erdgeschossigen Bauwerken oder in Erdgeschossen mehrgeschossiger Bauwerke möglich. Da die Brüstungshöhe von Rettungsfenstern baurechtlich im Maximum begrenzt wird, ist somit ein Ausstieg erforderlich, der jedoch keine Leiter benötigt.

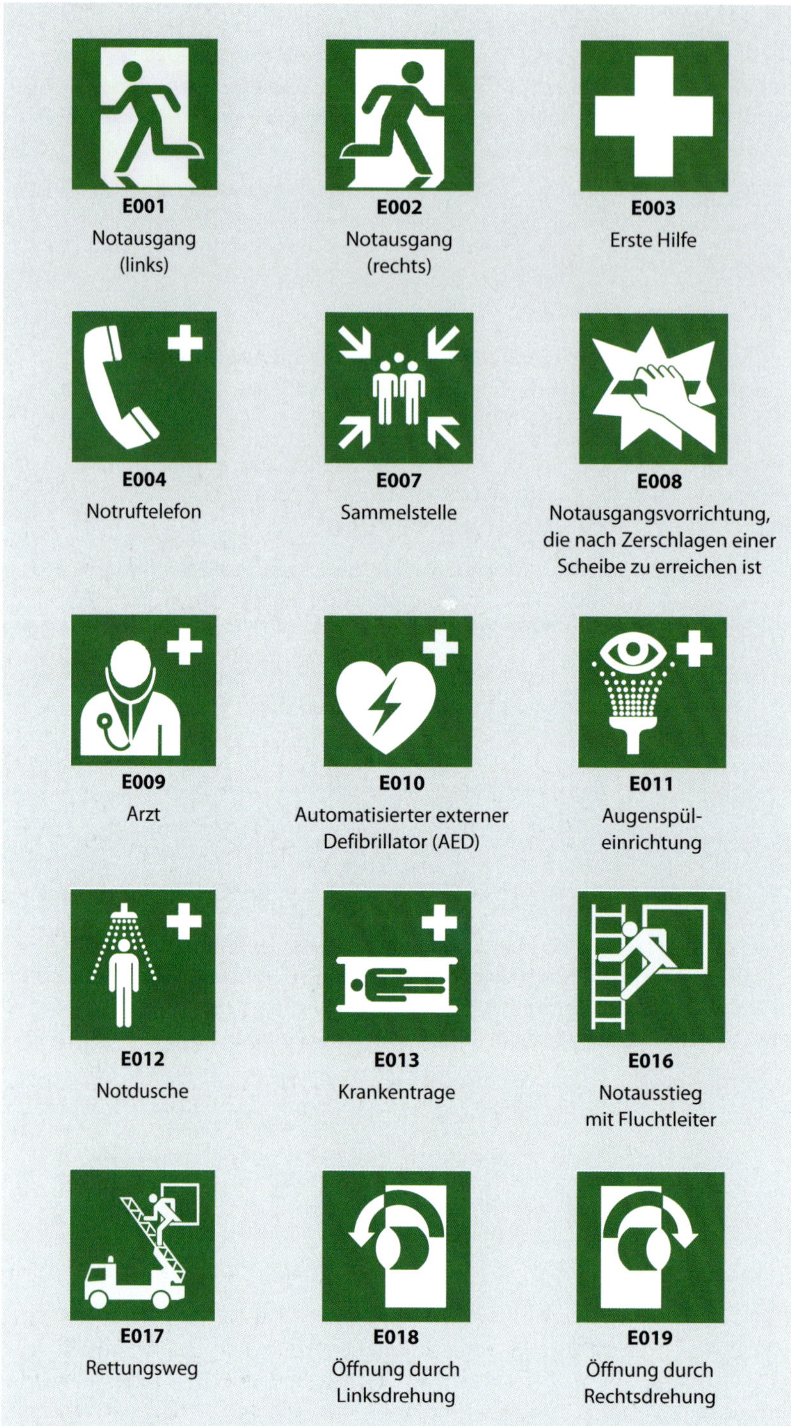

Abb. 4.16: Übersicht der Rettungszeichen nach DIN EN ISO 7010 (2020), Tabelle 3, S. 36 ff.

Abb. 4.17: D-E019 Rettungszeichen aus der ASR A1.3 (2022)

Abb. 4.18: Übersicht der Brandschutzzeichen nach DIN EN ISO 7010 (2020), Tabelle 4, S. 99 ff.

Abb. 4.19: Darstellung eines Feuerlöschers (symbolisch) nach DIN 4844 (alt) und DIN EN ISO 7010 (neu)

Wesentliche Änderungen gegenüber der DIN 4844 als bisherige nationale Norm

Gegenüber den ursprünglichen Zeichen nach DIN 4844, die bis 2013 aufgrund der Einführung der europäischen Normen aus der nationalen Reihe zurückzuziehen waren, ist bei den Brandschutzzeichen vor allem die Darstellung des „Brandes“ als neues Element hinzugekommen (siehe Abb. 4.19). Ebenso wurde der Feuerlöscher neu gestaltet, wobei dies gegenüber den Flammen weniger auffällt.

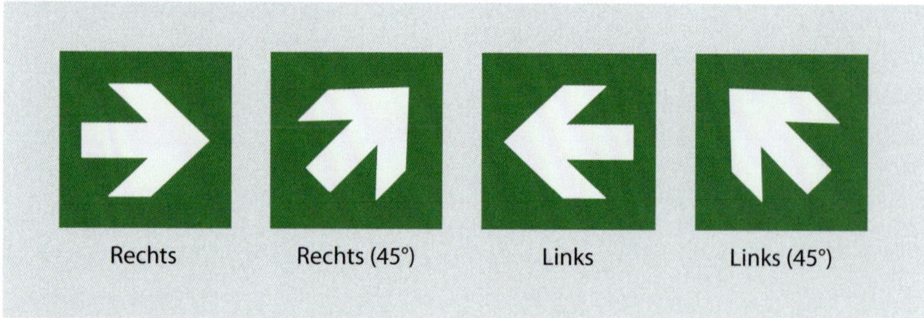

Abb. 4.20: Diese Zusatzzeichen sind nach DIN EN ISO 7010 nur noch in Verbindung mit einem der Sicherheitszeichen E001 oder E002 zulässig.

Abb. 4.21: Geringfügige grafische Modifikationen im Vergleich zur DIN EN ISO 7010, wie hier durch den Druck auf fluoreszierendem Untergrund, sind zulässig.

4.4.2 Zusatzzeichen

Im Rahmen der DIN EN ISO 7010 wurden die Zeichen in Abb. 4.20 als eigenständige Rettungszeichen zurückgenommen. Seit der Überarbeitung der Norm sind diese nun als Zusatzzeichen betitelten Zeichen nur noch in Verbindung mit einem der Sicherheitszeichen E001 oder E002 zulässig.

Die detaillierten Darstellungen einschließlich der erforderlichen Funktion, der Sicherheitsaussage sowie die Intention der Zeichen, können dem Anhang 1 entnommen werden.

4.4.3 Alternative Darstellungen

Nach den Anforderungen der DIN EN ISO 7010 sind die Sicherheitszeichen in ihrer Verwendung so zu reproduzieren, wie sie in den dazugehörigen Tabellen abgebildet sind. Jedoch werden in der Norm auch geringfügige grafische Modifikationen zugelassen, wenn die ursprüngliche Bedeutung und die Verständlichkeit dieser Zeichen erhalten bleiben.

Dies können beispielsweise Unterschiede wie in Abb. 4.21 dargestellt sein.

Abb. 4.22: Fluchtwegkennzeichnung in einer Garage (Quelle: spuno – stock.adobe.com)

Abb. 4.23: Fluchtwegkennzeichnung in einem Holzbau (Quelle: Günther Ruhe, Köln)

Beispiel

> **Piktogramme als architektonische Gestaltungselemente**
>
> Abb. 4.22 und 4.23 zeigen, dass die Sicherheitszeichen und Piktogramme zur Kennzeichnung der Flucht- und Rettungswege auch zur architektonischen Gestaltung verwendet und anders dargestellt werden können

Merksatz

> **Zeichen und Piktogramme dürfen nicht zweideutig sein – wenn es um Sicherheit geht, müssen Informationen eindeutig sein.**

4.5 Umsetzung und Aktualisierung

Bevor es zur Umsetzung und Erstellung eines Flucht- und Rettungsplanes kommt, sind die wesentlichen Informationen festzulegen, die bei der Erstellung berücksichtigt oder in die Pläne eingearbeitet werden sollen.

Diese Erkenntnisse sind auf Basis unterschiedlicher Dokumente oder deren Inhalte festzulegen und zu extrahieren. Dies können folgende Inhalte sein, die in die Planunterlagen einfließen sollen:

„a) Brandschutzhandbücher und -dokumentationen[N1]*, sowie Brandschutzmaßnahmen*

b) aktuelle Grundriss- und Grundstückzeichnung(en), aus denen die Besonderheiten ersichtlich sind. Diese Zeichnungen sind durch eine Begehung/Besichtigung zu überprüfen;

c) Verlauf der Fluchtwege;

d) Dokumentation über Evakuierungsmaßnahmen, unter Berücksichtigung der zu erwarteten Menschenbewegungen. Dokumentation über die zu erteilenden Anweisungen sowie die Art, wie diese Anweisungen zu erteilen sind;

e) Standorte der Brandbekämpfungseinrichtungen und Alarmierungssysteme;

f) Standorte der Notfallausrüstungen und Evakuierungshilfen;

g) erforderliche Maßnahmen, die im Notfall durchgeführt werden müssen;

h) sichere Bereiche (Zufluchtsorte) und Sammelstellen.

N1) Nationale Fußnote: Hierzu zählen auch Brandschutzkonzepte.“
(DIN ISO 23601, S. 8)

Ebenso können weitergehende und objektespezifische Anforderungen auf Basis der durchgeführten Gefährdungsbeurteilungen und weiterer arbeitsschutzrechtlicher Forderungen aufgrund der besonderen Art und Nutzung maßgeblich für die Umsetzung sein. Im Einzelnen sind sämtliche Dokumente, die Teil des gesamten sicherheitstechnischen Konzepts sind, zu sichten und zu prüfen, um Lücken in der Umsetzung der Pläne zu vermeiden.

„Flucht- und Rettungspläne sind in regelmäßigen Zeitabständen zu prüfen, um sicherzustellen, dass sie gut lesbar, gut erkennbar, verständlich und aktuell sind.

Jede Veränderung der baulichen Anlage oder der Brandschutz- und Notfallmaßnahmen muss zu einer Überprüfung und erforderlichenfalls zu einer Überarbeitung der Flucht- und Rettungspläne führen.“ (DIN ISO 23601, S. 13)

Einer der wichtigsten Faktoren ist die Aktualität der Flucht- und Rettungspläne. Da anhand dieser Pläne oftmals ortsfremde Personen einen Überblick über das Gebäude erhalten sollen, ist dies nur möglich, wenn die Pläne auch den tatsächlichen Gegebenheiten vor Ort entsprechen.

Gerade in durch Nutzungsänderungen stark frequentierten Bauwerken, wie beispielsweise Verkaufsstätten, ist die Darstellung aktueller Pläne eine „Never Ending Story“. In Einkaufszentren mit zum Teil mehreren hundert Shops ist eine gewisse Fluktuation der Mieter und damit auch der Shopausbauten vorprogrammiert. Mit jeder Änderung der Einzelshopkonzepte, die in der Regel eigene Einbauten und Umbauten bewirken, sind jederzeit der Flucht- und Rettungsplan bzw. die betroffenen Flucht- und Rettungspläne auf Aktualität zu prüfen und, falls abweichend, umgehend anzupassen.

5 Konzeption und Interpretation von Flucht- und Rettungswegen

Ein Flucht- und Rettungsplan allein kann nur in Verbindung mit einer ausreichenden Beschilderung/Kennzeichnung in einem Gebäude funktionieren.

Generell sollte hier beachtet werden, dass im Falle einer Räumung anwesende Personen, auch **ohne** einen Flucht- und Rettungsplan gelesen zu haben, beim Verlassen eines Gebäudes erkennen müssen, wo der nächste Notausgang ins Freie oder in einen gesicherten Bereich vorhanden ist. Dies ist auch aus diesem Grund so wichtig, da beispielsweise in öffentlichen Gebäuden anwesende Personen nur selten Flucht- und Rettungspläne lesen.

In der Praxis dienen unterschiedliche Methoden dazu, Fluchtwege zu einem gesicherten Bereich zu kennzeichnen. Im Allgemeinen werden die Sicherheitszeichen der ASR A1.3 (2022) bzw. der DIN EN ISO 7010 verwendet.

„(2) Die Kennzeichnung für Fluchtwege muss mit den Sicherheitszeichen E001 „Notausgang (links)“ oder E002 „Notausgang (rechts)“ in Verbindung mit dem Zusatzzeichen „Richtungspfeil“ entsprechend ASR A1.3 „Sicherheits- und Gesundheitsschutzkennzeichnung“ erfolgen. Auf weitere Zusatzzeichen soll verzichtet werden.“ (ASR A2.3, Abschnitt 8.2 [2022])

Weiter können entsprechend Abschnitt 8 der ASR A2.3 (2022) jedoch zusätzliche Maßnahmen aufgrund der vorhandenen Randbedingungen erforderlich werden (entsprechend dem Ergebnis der Gefährdungsbeurteilung – z. B. bei entgegengesetzt verlaufenden Flucht- und Rettungswegen, unübersichtlicher Rettungswegführung).

Zusätzliche Maßnahmen im Sinne der ASR A2.3 (2022) sind in diesem Fall ein „Sicherheitsleitsystem“ bzw. eine dynamische Fluchtwegsteuerung.

Die Formulierung in Abschnitt 8.4 der ASR A2.3 (2022) lautet wie folgt:

„Um die Sicherheit beim Verlassen der Arbeitsstätte auch nach Ausfall der Allgemeinbeleuchtung zu erhöhen, können optische Sicherheitsleitsysteme zusätzlich zur Kennzeichnung mit hochmontierten Sicherheitszeichen oder zusätzlich zur Sicherheitsbeleuchtung als Orientierungshilfe eingesetzt werden.

Optische Sicherheitsleitsysteme führen insbesondere zu einer Verbesserung:

1. *der Wahrnehmung des Verlaufes und Begrenzung des Fluchtweges,*
2. *der Wahrnehmung baulicher Einrichtungen z. B. Türrahmen, Treppenstufen, Bedienelemente und*
3. *der Orientierung bei Verrauchung.*

Dabei kann ein Sicherheitsleitsystem notwendig sein, das auf eine Gefährdung reagiert und die günstigste Fluchtrichtung anzeigt.“

Um die Fluchtwege, Notausgänge, Notausstiege und Türen im Verlauf von Fluchtwegen zu kennzeichnen, müssen die genauen Definitionen dieser Bereiche untersucht werden.

5.1 Fluchtwege

Entsprechend der Definition der ASR A2.3 (2022) bilden den Fluchtweg die für die Flucht erforderlichen Verkehrswege, an die besondere Anforderungen gestellt werden. Diese besonderen Verkehrswege führen ins Freie oder einen gesicherten Bereich. Weiter wird in der Definition darauf hingewiesen, dass Fluchtwege im Sinne der ASR A2.3 (2022) auch die im Bauordnungsrecht definierten Rettungswege sind, sofern sie selbstständig begangen werden können.

„3.1 Fluchtwege sind Verkehrswege, an die besondere Anforderungen zu stellen sind und die der selbstständigen Flucht aus einem möglichen Gefahrenbereich und in der Regel zugleich der Rettung von Personen dienen. Der Fluchtweg beginnt an allen Orten in der Arbeitsstätte, zu denen Beschäftigte im Rahmen ihrer Arbeit Zugang haben oder sich bei der Nutzung von Neben-, Sanitär-, Kantinen-, Pausen- und Bereitschaftsräumen, Erste-Hilfe-Räumen und Unterkünften aufhalten. Außentreppen, begehbare Dachflächen oder offene Gänge können Teil eines Fluchtweges sein.

Hinweis

Fluchtwege im Sinne dieser Regel sind auch die im Bauordnungsrecht definierten Rettungswege, sofern sie selbstständig begangen werden können.

Fluchtwege werden unterschieden in Haupt- und Nebenfluchtwege:

1. *Hauptfluchtwege (bisher erste Fluchtwege) sind insbesondere die zur Flucht erforderlichen Verkehrswege, die nach dem Bauordnungsrecht notwendigen Flure und Treppenräume für notwendige Treppen sowie die Notausgänge.*
2. *Nebenfluchtwege (bisher zweite Fluchtwege) sind zusätzliche Fluchtwege, die ebenfalls ins Freie oder in einen gesicherten Bereich führen.“*

(ASR A2.3, Abschnitt 3.1 [2022])

Entsprechend dem Baurecht sind Rettungswege mit besonderen Anforderungen, die selbständig begangen werden können, beispielsweise folgende:

- notwendige Flure (siehe Abb. 5.1)
- notwendige Treppen
- notwendige Treppenräume
- Raum zwischen notwendigem Treppenraum und Ausgang ins Freie (Treppenraumerweiterung)
- Hauptgänge (z. B. Verkaufsstätte, Ausstellungsräume, IndBauR)
- Gänge zwischen Bestuhlungen entsprechend der Versammlungsstättenverordnung

Somit kann die Annahme getroffen werden, dass die im Baurecht definierten Rettungswege auch den Fluchtwegen entsprechen und die arbeitsschutzrechtlichen Regelwerke erfüllen.

Erhöhte Anforderungen im Sinne der Technischen Regeln für Arbeitsstätten oder des Baurechts sind beispielsweise Sicherheitsbeleuchtung, Kennzeichnungen sowie bauliche Anforderungen wie Qualitäten an die Wände sowie an die Baustoffe und Materialien, die in einem Verkehrsweg mit besonderen Anforderungen eingebaut werden dürfen oder müssen.

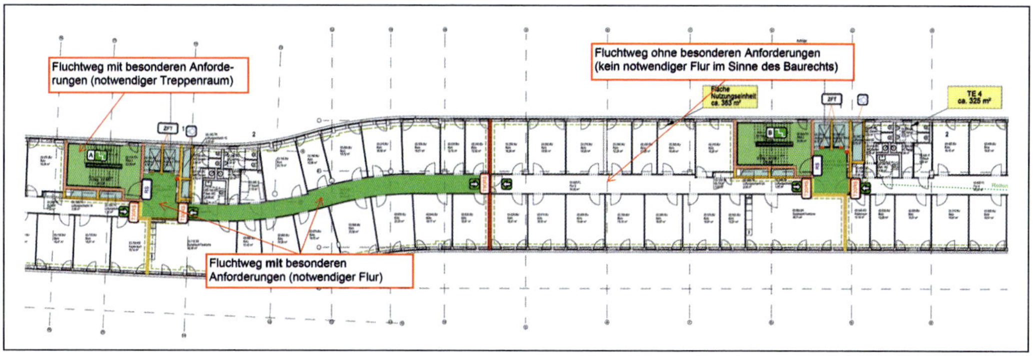

Abb. 5.1: Beispiel Brandschutzplan mit und ohne notwendigen Flur

Zusätzliche Anforderungen an Verkehrswege, an die **keine** besonderen Anforderungen entsprechend den Technischen Regeln für Arbeitsstätten oder dem Baurecht gestellt werden, können jedoch aufgrund einer objektspezifischen Beurteilung anhand der Gefährdungsbeurteilung zu beachten sein.

Hieraus könnte abgeleitet werden, dass ausschließlich die Verkehrswege mit besonderen Anforderungen, also die Rettungswege entsprechend dem Baurecht, in einem Flucht- und Rettungsplan zu kennzeichnen sind.

5.2 Notausstiege

Entsprechend den vorigen Annahmen besagt der Gesetzgeber (Bauordnungsrecht, Arbeitsrecht), dass an den zweiten Flucht- oder Rettungsweg (Nebenfluchtweg), dessen Nutzung auch mithilfe der Feuerwehr erfolgen kann (Fenster zur Rettung [Baurecht]; Notausstieg, Rettungsausstieg [ASR]), **geringere** Anforderungen gestellt werden (vgl. Notausgang/Notausstieg in Kapitel 2) können.

Dies kann auch – aufgrund der Formulierung „sofern Sie selbsttätig begangen werden können" – so interpretiert werden, dass nur an Fluchtwege, an die „besondere Anforderungen" gestellt werden, auch erhöhte Anforderungen gestellt werden können.

Ob ein Nebenfluchtweg über einen Notausstieg verlaufen kann, ist gegebenenfalls mit der zuständigen Brandschutzdienststelle im Sinne des Baurechts zu klären (Rettungsgerät der Feuerwehr muss vorhanden sein) bzw. muss durch den Arbeitgeber anhand einer Gefährdungsbeurteilung ermittelt werden.

5.3 Notausgänge

Weiter wird in der Begriffsdefinition der ASR A2.3 (2022) beschrieben, dass über diese Fluchtwege die **Notausgänge** erreicht werden, über die die Personen sicher ein Gebäude verlassen bzw. zu einem „gesicherten Bereich" gelangen können.

Der gesicherte Bereich stellt entsprechend den Anforderungen der Technischen Regeln für Arbeitsstätten einen Bereich dar, in dem vorübergehend eine unmittelbare Gefährdung ausgeschlossen werden kann.

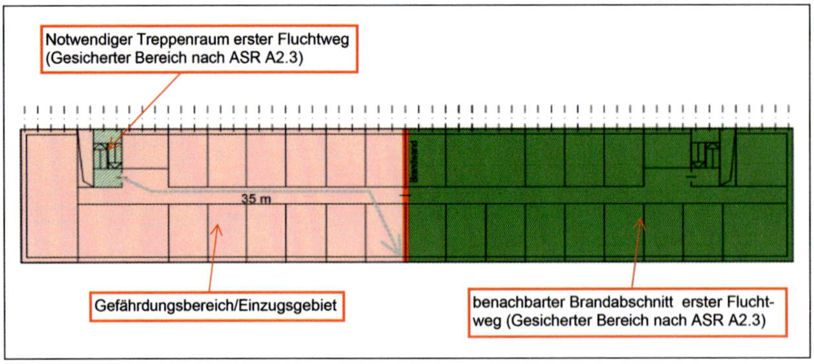

Abb. 5.2: Verdeutlichung der Darstellung gesicherter Bereiche

„Gesicherter Bereich ist ein Bereich, in dem Personen vorübergehend vor einer unmittelbaren Gefahr für Leben und Gesundheit geschützt sind. Als gesicherte Bereiche innerhalb von Gebäuden gelten insbesondere benachbarte Brandabschnitte und notwendige Treppenräume nach dem Bauordnungsrecht. Als gesicherter Bereich außerhalb von Gebäuden können z. B. Außentreppen, begehbare Dachflächen oder offene Gänge gelten, wenn diese im Gefahrenfall ausreichend lang sicher benutzbar sind und ins Freie führen.“ (ASR A2.3, Abschnitt 3.7 [2022])

Entsprechend der Begriffsdefinition der ASR wird hier auf die im Baurecht verwendeten Bezeichnungen „Brandabschnitt“ sowie „notwendiger Treppenraum“ verwiesen.

Der Brandabschnitt ist entsprechend dem Baurecht ein baulich abgegrenzter Bereich, der beispielsweise bei einem Brandereignis vollständig abbrennen darf, ohne dass dabei ein eventueller Brandüberschlag auf einen „benachbarten Brandabschnitt“ zu erwarten ist.

Der notwendige Treppenraum stellt einen vorübergehend gesicherten Bereich dar. Vorübergehend bedeutet entsprechend dem Bauordnungsrecht, dass ein notwendiger Treppenraum bei einem Brandereignis gemäß den Anforderungen des § 35 Abs. 4 Musterbauordnung unter Berücksichtigung der jeweiligen Gebäudeklasse mindestens über die dort angegebene Feuerwiderstandsdauer (GK 5 – Bauart Brandwand – unter zusätzlicher mechanischer Beanspruchung feuerbeständig; GK 4 – unter zusätzlicher mechanischer Beanspruchung hochfeuerhemmend; GK 3 – feuerhemmend) verfügen muss. Demnach darf ein notwendiger Treppenraum in einem Gebäude der Gebäudeklasse 3 formal nach 30 Minuten versagen. Somit können die Aussagen der ASR so interpretiert werden, dass der notwendige Treppenraum einen **vorübergehend gesicherten Bereich darstellt** (siehe Abb. 5.2).

5.4 Türen im Verlauf von Rettungswegen

Türen im Verlauf von Rettungswegen sind unter anderem die Türen, die gemäß dem Baurecht als Rauchschutztüren in notwendigen Fluren erforderlich sind sowie Türen von Notausgängen. Eine Kennzeichnung dieser Türen wird erforderlich, da ersichtlich sein muss, dass hinter dieser Tür der Flucht- oder Rettungsweg weitergeführt wird.

Abb. 5.3: Übersichtsplan eines Großraumbüros mit zusätzlichen Hauptgängen

Entsprechend diesem Sachverhalt (Festlegung der Fluchtwege, Notausgänge, Notausstiege), kann bei der Planung eines Gebäudes der Fluchtweg mit der entsprechenden Kennzeichnung versehen werden.

Ob gegebenenfalls weitere (z. B. unübersichtliche) Bereiche, die keine Flucht- oder Rettungswege darstellen, mit entsprechenden Sicherheitszeichen zu versehen sind, kann anhand einer Gefährdungsbeurteilung ermittelt werden.

Beispiel

Flucht- und Rettungswege in Großraumbüros

Als Beispiel ist hier das Großraumbüro zu nennen, das entsprechend dem Baurecht ohne notwendigen Flur bis zu einer Größe von 1.600 m^2 errichtet werden darf.

Da in solchen Flächen formal kein Flucht- oder Rettungsweg (nur die Tür aus dem Großraumbüro) vorhanden ist, muss überprüft werden, ob eine zusätzliche Kennzeichnung der Flucht- oder Rettungswege vorgesehen werden muss.

Zusätzliche Kennzeichnungen können unter Umständen erforderlich sein, wenn beispielsweise aufgrund der Raumstruktur (unübersichtlich, hohe Schränke etc.) die direkten Verkehrswege beziehungsweise die Notausgänge nicht ersichtlich sind (z. B. anhand dem Ergebnis der Gefährdungsbeurteilung oder im Bauantragsverfahren, gegebenenfalls nach Forderungen durch den Brandschutzsachverständigen).

Hier können dann als zusätzliche Maßnahmen beispielsweise Hauptgangsysteme angelegt werden (siehe Abb. 5.3), an die dann wieder erhöhte Anforderungen gestellt werden (Sicherheitsbeleuchtung, Freihalten von Einbauten etc.) und die entsprechend in einem Flucht- und Rettungsplan einzutragen sind.

Abb. 5.4: Dynamische Fluchtwegpiktogramme (Essener Hauptbahnhof)

5.5 Dynamische Fluchtwegsteuerung/Sicherheitsleitsystem

Im oben gezeigten Beispiel wird also die Führung der Flucht- und Rettungswege entsprechend den Begriffsbestimmungen der ASR sowie des Baurechts dann über die Verkehrswege mit besonderen Anforderungen erfolgen.

Da, wie oben gezeigt, in manchen Fällen Nutzungseinheiten ohne Verkehrswege mit besonderen Anforderungen vorhanden sind, müssen hier unter Umständen Maßnahmen ergriffen werden (Hauptgangsystem).

Da es jedoch in der Praxis immer häufiger erforderlich ist, das Flucht- und Rettungswege entgegengesetzt geführt werden, oder diese auf eine Gefährdung reagieren müssen, sodass die günstigste Fluchtrichtung anzeigt wird, werden immer häufiger sogenannte dynamische Fluchtwegsteuerungen beziehungsweise Sicherheitsleitsysteme verwendet (siehe Abb. 5.4).

Eine mögliche Ausführung wäre, dass die Fluchtwegsteuerung oder das Sicherheitsleitsystem so geschaltet wird (wird in einer Brandfallmatrix festgelegt), dass das Sicherheitszeichen auf Grün (Fluchtweg kann genutzt werden) oder Rot (Fluchtweg kann nicht genutzt werden) schalten kann.

Abb. 5.5: Dynamisches Leitsystem im Boden am Essener Hauptbahnhof (Quelle: INOTEC Sicherheitstechnik GmbH, Ense)

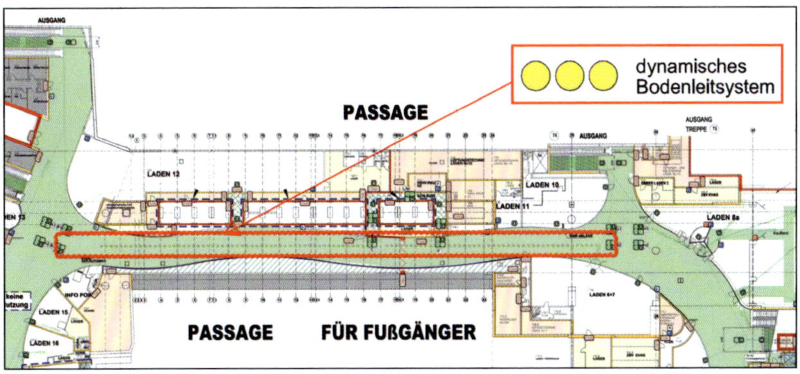

Abb. 5.6: Brandschutzplan unterirdischer Bahnhof

Beispiel

Dynamische Fluchtwegsteuerung im Essener Hauptbahnhof

Weiter können dynamische Fluchtwegsteuerungen auch einen Verlauf des Flucht- oder Rettungsweges anzeigen, der in Abhängigkeit des Brandortes variiert (siehe Abb. 5.5).

An dem in Abb. 5.6 gezeigten Beispiel (unterirdischer Bahnhof) wird ersichtlich, dass durch das dynamische Bodenleitsystem die entsprechende Richtung zu einem gesicherten Bereich angezeigt wird. Dies bedeutet in dem vorliegenden Beispiel, dass bei einem Brand an einer Kopfseite des Tunnels die dynamische Kennzeichnung umgehend in Richtung der gegenüberliegenden Seite zeigt.

Darüber hinaus werden häufig auch in Bereichen von Versammlungsstätten wie beispielsweise Messen, bei denen in manchen Fällen Flucht- und Rettungswege über angrenzende Hallen geführt werden, sogenannte dynamische Fluchtwegsteuerungen eingesetzt. Diese sollen verhindern, dass Besucher bei einer Alarmierung in die vom Schadensfall betroffenen Bereiche flüchten.

Diese Systeme können jedoch nicht in einem Flucht- und Rettungsplan dargestellt werden.

Das bedeutet, dass in einem Flucht- und Rettungsplan auch die im Notfall möglicherweise nicht nutzbaren Rettungswege angezeigt werden, um einen Überblick über alle Flucht- und Rettungswege zu vermitteln. Ob in Zukunft in solchen Fällen „intelligente" Flucht- und Rettungspläne technisch möglich werden, in denen möglicherweise nicht nutzbare Flucht- und Rettungswege beispielsweise durch LED rot dargestellt werden, ist aus heutiger Sicht nicht vorhersagbar.

5.6 Interpretation von Flucht- und Rettungswegen

Die für die Gebäudesicherheit zuständigen Personen (Hausmeister, Fachkraft für Arbeitssicherheit, Brandschutzbeauftragter, Feuerwehr) interpretieren die Anforderungen an die Flucht- und Rettungswege mitunter aufgrund der Darstellung in den Flucht- und Rettungsplänen sehr unterschiedlich. Nicht selten verstehen sie das Dokument in der Weise, dass es erhöhte Anforderungen an das Gebäude oder an einen Bereich (Verkehrsweg) darin stellt.

Merksatz

> **Ein Flucht- und Rettungsplan kann keine baulichen oder materiellen Anforderungen an einen Verkehrsweg festlegen!**

Dies bedeutet, dass ein Flucht- und Rettungsplan keinen Brandschutzplan darstellt, aus dem ersichtlich wird, an welche Bereiche (z. B. notwendiger Flur) besondere Anforderungen gestellt werden.

An dem in Abb. 5.7 gezeigten Beispiel eines Bürogebäudes wird ersichtlich, dass ein darin grün dargestellter Fluchtweg nicht automatisch bedeutet, dass der Flur ein besonderer Verkehrsweg (notwendiger Flur) ist.

Aufgrund derartiger Fehlinterpretationen kommt es in der Praxis regelmäßig dazu, dass zum Beispiel Einbauten (Kopierer, Wartebereiche, etc.) in Fluren ohne besondere Anforderungen unbegründet bemängelt werden.

Solcher „blinder" Aktionismus, eventuell verbunden mit Unwissenheit, führt oft zu Maßnahmen, die für den Betreiber sehr kostenintensiv werden können.

Der schlechte Informationsstand bei vielen Beteiligten rührt daher, dass in den verschiedenen Aus- und Weiterbildungen beispielsweise zur Fachkraft für Arbeitssicherheit (Sifa) oder zum Brandschutzbeauftragten diese Thematik oft nur oberflächlich vermittelt wird.

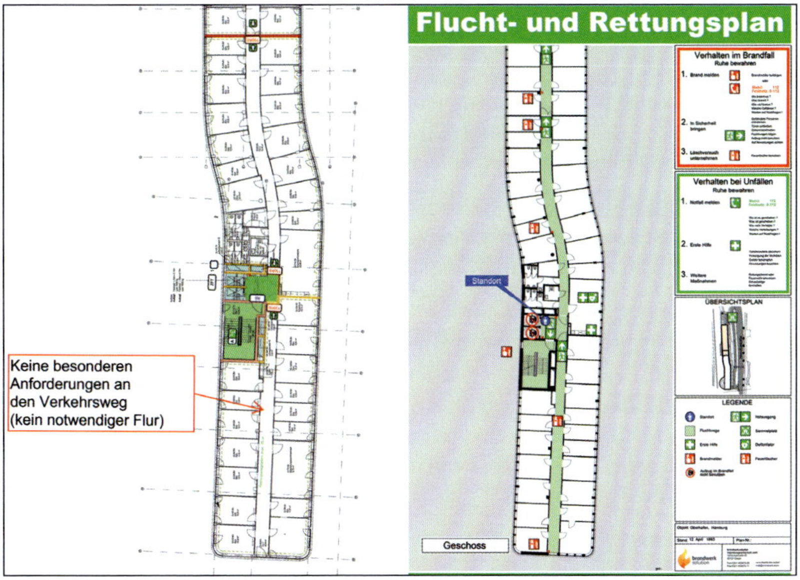

Abb. 5.7: Unterschiedliche Darstellungen in einem Brandschutzplan und einem Flucht- und Rettungsplan

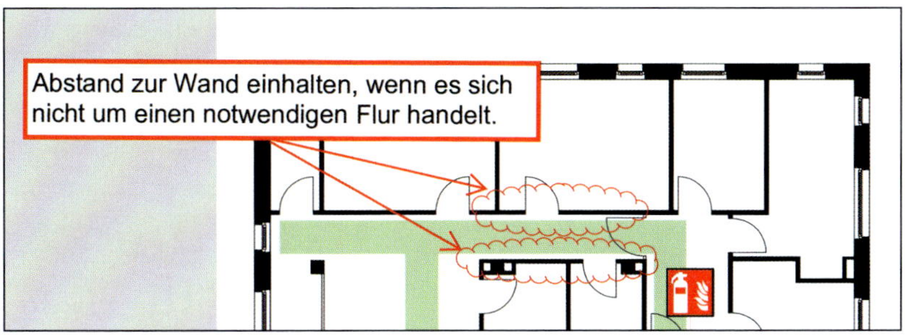

Abb. 5.8: Ausschnitt Flucht- und Rettungsplan mit Darstellung des Hauptgangs

Um Missverständnisse oder Fehlinterpretationen zu vermeiden, besteht die Möglichkeit, den Fluchtweg in einem Flucht- und Rettungsplan nicht bis an die Wand zu markieren, sodass der Verkehrsweg als eine Art Hauptgang interpretiert werden kann (siehe Abb. 5.8).

Generell sollten bei der Erstellung eines Flucht- und Rettungsplans alle vorhandenen Unterlagen geprüft (Brandschutzkonzept, Baugenehmigung, Stellungnahmen der Feuerwehr, etc.) und eventuelle Unklarheiten mit einem Brandschutzsachverständigen oder der Feuerwehr abgestimmt werden.

Beispiel

Foyer

Als weitere Beispiele sind hier Foyers beispielsweise in Versammlungsstätten oder als Eingangsbereich von Büro- und Verwaltungsgebäuden zu nennen, über die Flucht- und Rettungswege geführt werden.

Da in einem Flucht- und Rettungsplan häufig das gesamte Foyer (sofern über dieses Flucht- und Rettungswege geführt werden) als „Fluchtweg" entsprechend der ISO 7010 grün dargestellt wird, kann es auch hier in der Praxis zu Fehlinterpretation kommen.

Diese hätten beispielsweise in einem Foyer einer Versammlungsstätte weitreichende Folgen. Wie in dem in Abb. 5.9 dargestellten neuen Foyer der Messe Essen, über das ebenfalls Flucht- und Rettungswege führen. Da in diesem Bereich auch Veranstaltungen zulässig sind, müssen hier mitunter auch Brandlasten eingebracht werden.

Darüber hinaus sind in solchen Bereichen ohnehin dauerhaft Brandlasten vorhanden (z. B. Cafépoint, Garderobe, Kassen, Infopoints etc.), die nutzungsbedingt nicht zu vermeiden sind.

Eine entsprechende Darstellung mit Hauptgängen (vgl. Abb. 5.8) kann in einem Foyer jedoch in der Praxis nur bedingt umgesetzt werden.

Dies ist dadurch begründet, dass veranstaltungstechnisch bedingte Aufbauten in einem Foyer (Versammlungsraum) variieren können, sodass ein festgelegter Hauptgang gegebenenfalls ebenso missverstanden wird.

Somit müssen die am Gebäude für die Sicherheit zuständigen Personen frühzeitig in der korrekten Erstellung von Flucht- und Rettungsplänen unterwiesen werden, um Missverständnisse von vornherein zu vermeiden.

Grundsätzlich ist jedoch, wie zuvor schon beschrieben, zu beachten, dass aufgrund der in einem Flucht- und Rettungsplan dargestellten „Fluchtwege" **keine Aussage** hinsichtlich der Nutzung des Raums getroffen werden kann.

Somit kann aus einem Flucht- und Rettungsplan nicht abgeleitet werden, ob beispielsweise Cateringflächen auf den grün dargestellten Flächen zulässig sind oder nicht.

Abb. 5.9: Foyer Messe Essen (Quelle: Messe Essen GmbH, Essen)

6 Praxisbeispiele

6.1 Versammlungsstätten

In Versammlungsstätten müssen 2 Arten von Veranstaltungen unterschieden werden.

Einmal die dauerhaften Versammlungsstätten, die eigens für Versammlungen errichtet wurden und zum anderen temporär geplante Versammlungsstätten, die nur einmal oder zumindest nicht dauerhaft als Versammlungsstätte genutzt werden (z. B. Betriebsfeiern, Innenräume von Fußballstadien, Großveranstaltungen im Freien).

Versammlungsstätten die dauerhaft genutzt werden

In Versammlungsstätten, in denen die einzelnen Versammlungsräume dauerhaft für erhöhte Besucherzahlen zu Verfügung stehen, sind Flucht- und Rettungspläne obligatorisch.

Diese werden im Bereich von markanten Punkten, wie beispielsweise den Haupteingängen, in Bereichen von Foyers und notwendigen Treppenräumen angebracht (siehe Abb. 6.1).

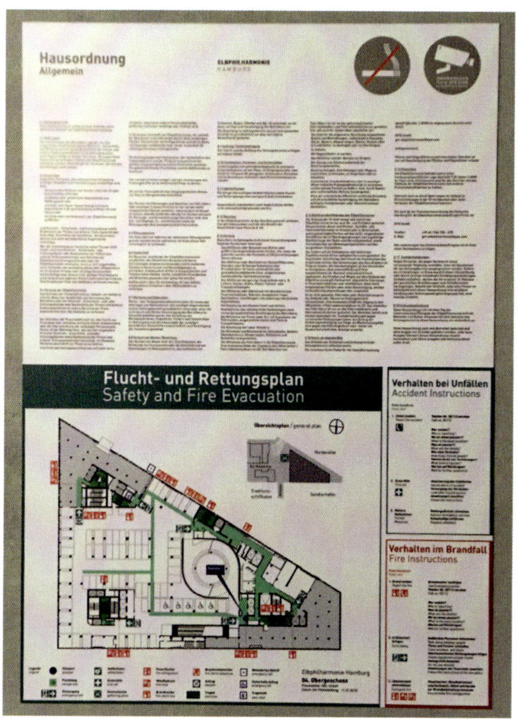

Abb. 6.1: Hier wurde der Flucht- und Rettungsplan mit der Hausordnung kombiniert.

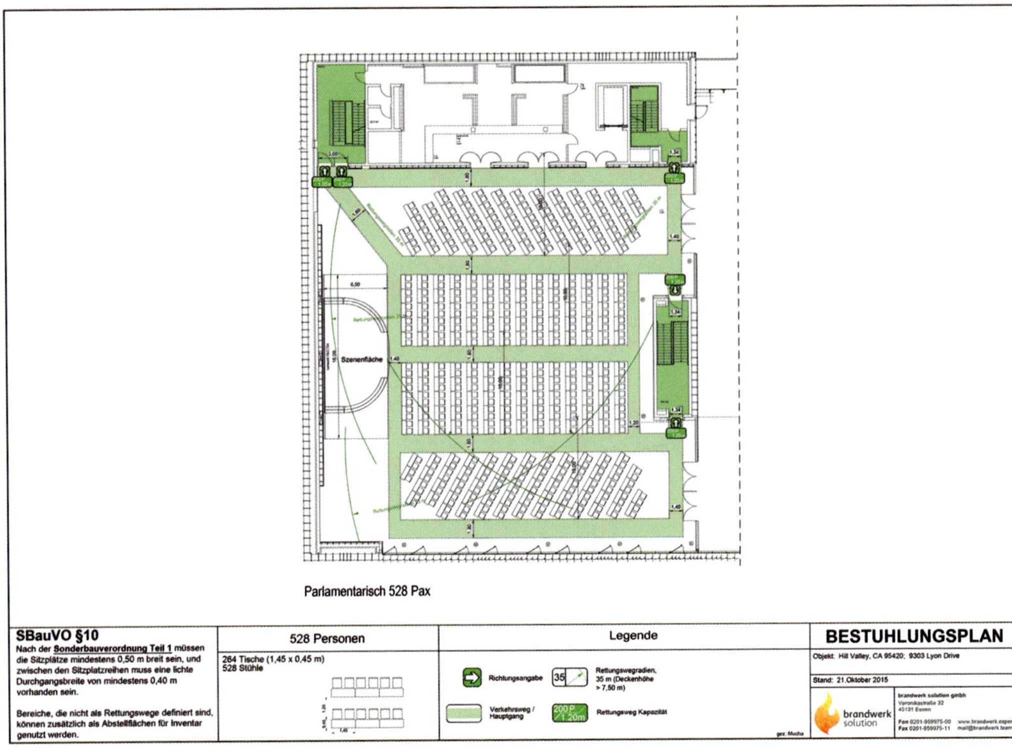

Abb. 6.2: Beispiel eines Bestuhlungsplans – Variante 1

Die Pläne in diesen Gebäuden stellen ausschließlich die dauerhaft mit dem Gebäude verbundenen Einrichtungen dar, wie Ausgänge ins Freie, gegebenenfalls Foyers (sofern Rettungswege über diese verlaufen) und notwendige Flure, notwendige Treppenräume und, falls vorhanden, auch notwendige Treppen.

Temporär vorgesehene Einrichtungen, wie beispielsweise eine Bestuhlung, werden in der Regel nicht mehr dargestellt. In den früheren Ausgaben der Versammlungsstättenverordnungen (z. B. bis zum Jahr 2016 in NRW) wurden noch zusätzlich zu den Flucht- und Rettungsplänen die Bestuhlungspläne gefordert (siehe Abb. 6.2 und 6.3).

Hierbei ist zu beachten, dass die Art der Darstellung eines Bestuhlungsplanes nicht abschließend festgelegt wurde, sodass dieser oft erst nach Abstimmung mit den jeweiligen Bauordnungsbehörden erstellt werden konnte.

Hier hat der Gesetzgeber erkannt, dass durch das zusätzliche Anbringen der Bestuhlungspläne kein Mehrwert erzielt wurde. Dies ist auch dadurch begründet, dass durch zu viele Informationen (Bestuhlungsplan sowie Flucht- und Rettungsplan) Besucher verunsichert werden können.

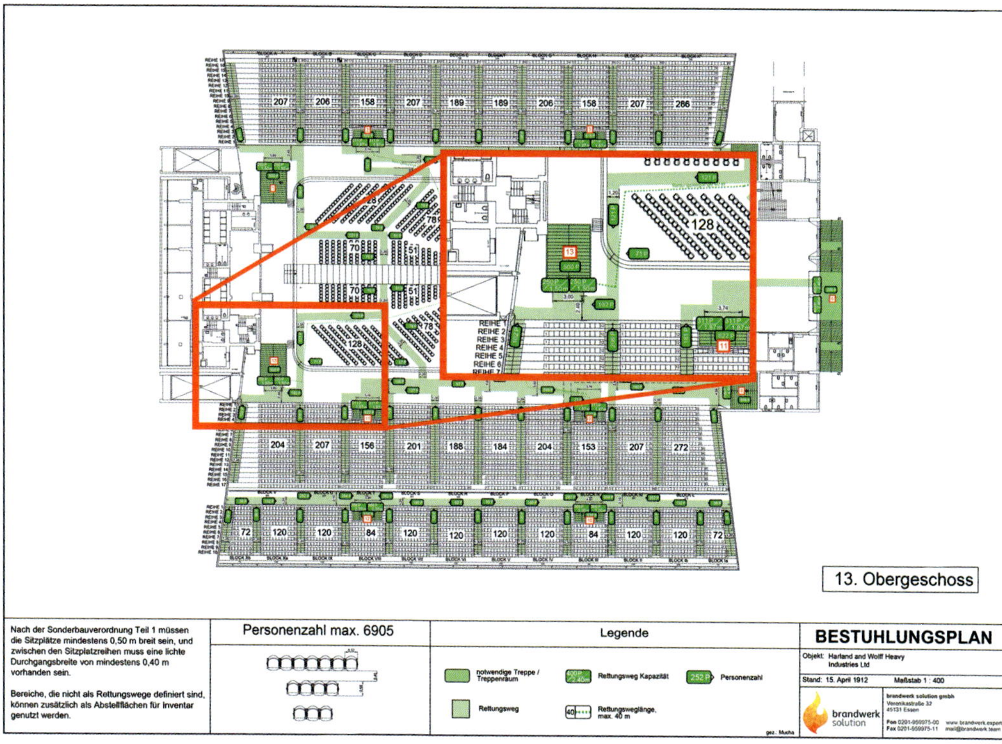

Abb. 6.3: Beispiel eines Bestuhlungsplans – Variante 2 (mit zusätzlicher Angabe der Personenströme)

Dementsprechend sind Bestuhlungspläne mit der dort dargestellten Personenzahl „nur“ noch bei der zuständigen Behörde einzureichen und entsprechend genehmigen zu lassen.

Da ein Flucht- und Rettungsplan alle wichtigen Informationen enthält, wurde beispielsweise in der Sonderbauverordnung NRW, Teil 1 Versammlungsstätten, die Anforderung an den zusätzlich anzubringenden Bestuhlungsplan gestrichen.

Temporäre Versammlungsstätten

Für temporär stattfindende Veranstaltungen, die beispielsweise im Freien oder im Innenraum eines Stadions stattfinden, werden üblicherweise keine Flucht- und Rettungspläne entsprechend der DIN oder den arbeitsschutzrechtlichen Aspekten vorgesehen.

Dies hat zum einen den Grund, dass aufgrund von zeitlich begrenzten Veranstaltungen sowie des Desinteresses anwesender Besucher, diese sich meist ohnehin nicht mit den ausgehängten Flucht- und Rettungsplänen beschäftigen.

Abb. 6.4: Beispiel Übersichtsplan – Festival 1 (Quelle: k²event Projektbüro Kozole, Gelsenkirchen)

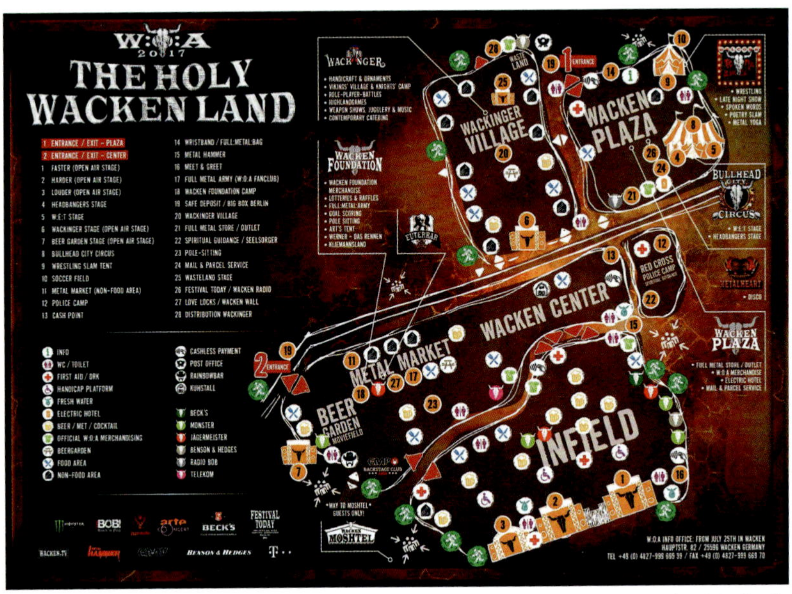

Abb. 6.5: Beispiel Übersichtsplan – Festival 2 (Quelle: ICS Festival Service GmbH, Wacken)

Da jedoch die Vergangenheit gezeigt hat, dass größere Menschenansammlungen im Notfall unbedingt geführt und gesteuert werden müssen, werden in der Praxis angepasste Szenarien (Pläne, Videos) bereitgestellt, durch die eine deutlich bessere Akzeptanz bei den Besuchern erzielt werden kann (siehe Abb. 6.4 und 6.5).

Abb. 6.6: Beispiel Fluchtwegkennzeichnung (Quelle: Martin Kraft, Wikimedia Commons, lizenziert unter CreativeCommons-Lizenz BY-SA-3.0, https://creativecommons.org/licenses/by-sa/3.0/deed.de)

Diese Übersichtspläne enthalten zusätzliche Informationen, die für die Besucher auch außerhalb von Notfällen einen Mehrwert darstellen (Getränkestände, Geldautomat usw.).

Durch den zusätzlichen Verweis auf die erforderlichen Notausgänge und Fluchtwege werden diese durch die Besucher bewusst oder zum Teil auch unbewusst mit aufgenommen, sodass die Besucher im Fall einer eventuellen Räumung, auch durch die idealerweise überdimensioniert angebrachten Fluchtwegkennzeichnungen (Banner [siehe Abb. 6.6] oder Fahnen), zielgerichtet zu den Ausgängen geleitet werden können.

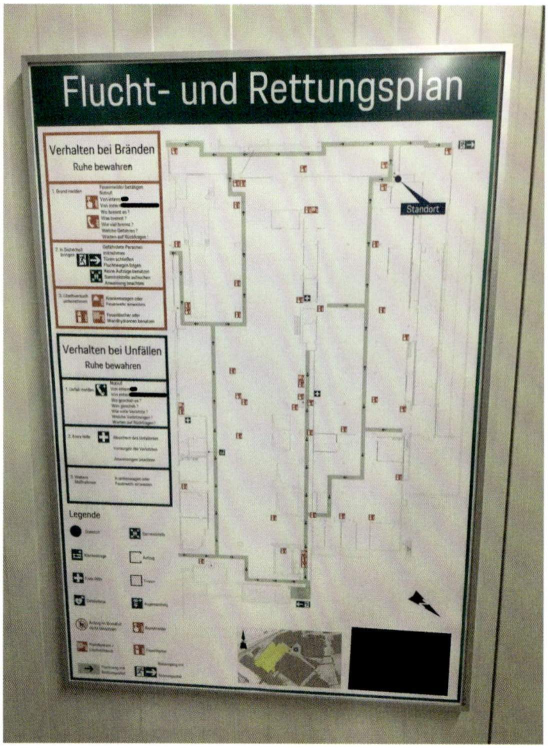

Abb. 6.7: Flucht- und Rettungsplan in DIN-A1 in einem Industriebau

6.2 Industriebauten

Bei Industriebauten, die, verglichen mit Bürogebäuden, meist deutlich größere Dimensionen aufweisen, stellt sich oftmals die Frage nach der Darstellung und Ausführung von Flucht- und Rettungsplänen. Da in Industriebauten eine Nutzung als Arbeitsstätte vorliegt und somit nach Arbeitsschutzvorschriften meist auch die Erstellung von Flucht- und Rettungsplänen unumgänglich ist, bedarf es bei ihnen nur deren richtiger Anordnung.

Aufgrund der meist reichlich vorhandenen Platzverhältnisse und der eher funktionalen Gestaltung, werden die Flucht- und Rettungspläne in der Praxis häufig im Bereich der nach Industriebaurichtlinie erforderlichen Hauptgänge und Ausgänge beziehungsweise Übergänge zwischen den Brandabschnitten angeordnet.

Dabei spielt die Größe der Darstellung eine wesentliche Rolle. Aufgrund der Ausdehnung von Industriebauten können die Rettungswege zum Teil nur bis zu einem Ausgang ins Freie oder einen Treppenraum dargestellt werden, wenn ein Großteil der Halle ebenfalls abgebildet wird. Deshalb werden die Flucht- und Rettungspläne hier meist deutlich größer als DIN-A3 oder DIN-A4 angelegt (siehe Abb. 6.7).

Durch diese größere Ausführung ist neben der Darstellung der notwendigen Ausgänge auch die Erkennbarkeit von weiterer Entfernung gegeben. Allerdings halten sich gerade in Industriebauten meistens geschulte und unter-

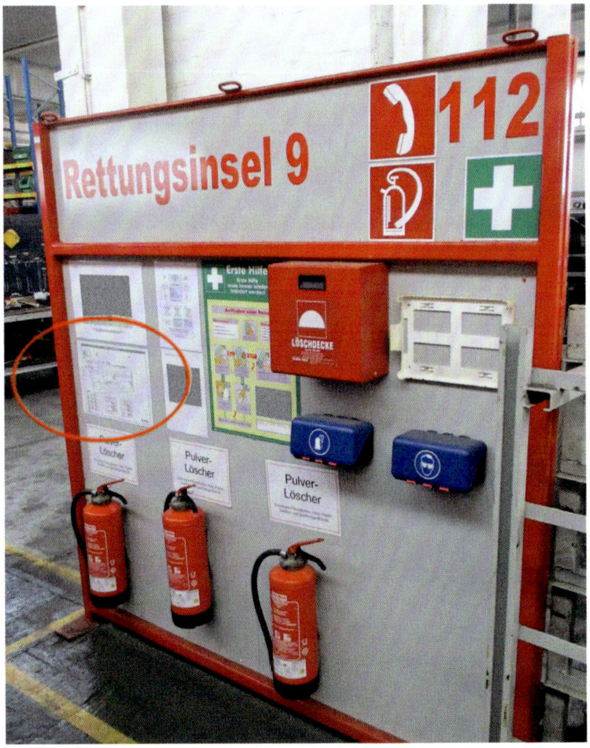

Abb. 6.8: Rettungsinsel in einem Industriewerk

wiesene Mitarbeiter oder Betriebsangehörige auf, die sich mit den örtlichen Gegebenheiten und Ausgängen gut auskennen.

Eine weitere Alternative zur Ausführung von Flucht- und Rettungsplänen in Industriebauten ist die Errichtung sogenannter Rettungs- oder Notfallinseln.

Dies sorgt aufgrund der größeren Ausdehnung von Industriebauten im Vergleich zu den einzelnen Flucht- und Rettungsplänen auf einer Wand für eine noch klarere und deutlichere Erkennbarkeit. Oft werden diese Rettungsinseln durch von der Decke abgehängte Zeichen und Hinweise so gekennzeichnet, dass diese auch von weiterer Entfernung lokalisiert werden können. Da an diesen Rettungsinseln nicht ausschließlich die Flucht- und Rettungspläne angebracht sind, sondern hier ebenfalls Löschgeräte u.ä. platziert sind, ist diese Kennzeichnung und Konzentration eine gute Alternative. Diese bietet sich insbesondere in Objekten an, wo weiträumige Hallenkomplexe vorhanden sind, in denen Ausgänge oft in weiterer Entfernung liegen.

6.3 Beherbergungsstätten

Die Forderung nach der Erstellung und Anbringung von Flucht- und Rettungsplänen resultiert bei Beherbergungsstätten bereits aus den bauordnungsrechtlichen Vorgaben.

Ebenso sind hier die Flucht- und Rettungspläne aufgrund des ständig wechselnden Personenkreises und dessen unterschiedlicher Herkunft in den Sprachen auszuführen, die denen des erwartenden Personenkreises entsprechen.

In einer Beherbergungsstätte in Mülheim an der Ruhr wurde eine ehemalige Gaststätte mit Pension (wenige Zimmer) zu einer Beherbergungsstätte umgebaut, die, weil sie mehr als 12 Betten aufweist, gemäß den Vorgaben der Sonderbauverordnung NRW, Teil 2 Beherbergungsstätten, als Sonderbau zu beurteilen ist.

Im Rahmen der Planung und Ausführung erfolgte zur abschließenden Umsetzung der Forderungen aus dem erstellten Brandschutzkonzept die Erarbeitung der Flucht- und Rettungspläne. Dabei wurde seitens des Betreibers mitgeteilt, dass, neben der Ausführung in Deutsch und Englisch, auch eine Beschriftung in Chinesisch zu erfolgen habe, weil Gäste vorwiegend aus dem asiatischen Raum erwartet werden.

Somit sollten die Flucht- und Rettungspläne, wie in Abb. 6.9 gezeigt, dreisprachig erarbeitet werden. Eine Herausforderung war hierbei die Komprimierung dieser Sprachen und Angaben auf ein nach DIN ISO 23601 vertretbares Maß. Insbesondere mussten Kompromisse bei der Abhängigkeit der Größen von Schriften, Übersichtsplänen und Verhaltensregeln eingegangen werden, die jedoch aufgrund der Besonderheit auch in der bauaufsichtlichen Schlussabnahme durch Genehmigungsbehörde und Feuerwehr nicht beanstandet wurde.

Die Darstellung von dreisprachigen Flucht- und Rettungsplänen ist zwar selten, jedoch kommen diese Ausführungen immer häufiger vor. So auch bei einem Hotel in Stuttgart, das seinen Ursprung in Frankreich hat. Hier wurden die Flucht- und Rettungspläne ebenfalls dreisprachig ausgeführt, wie in Abb. 6.10 gezeigt, in Deutsch, Englisch und Französisch.

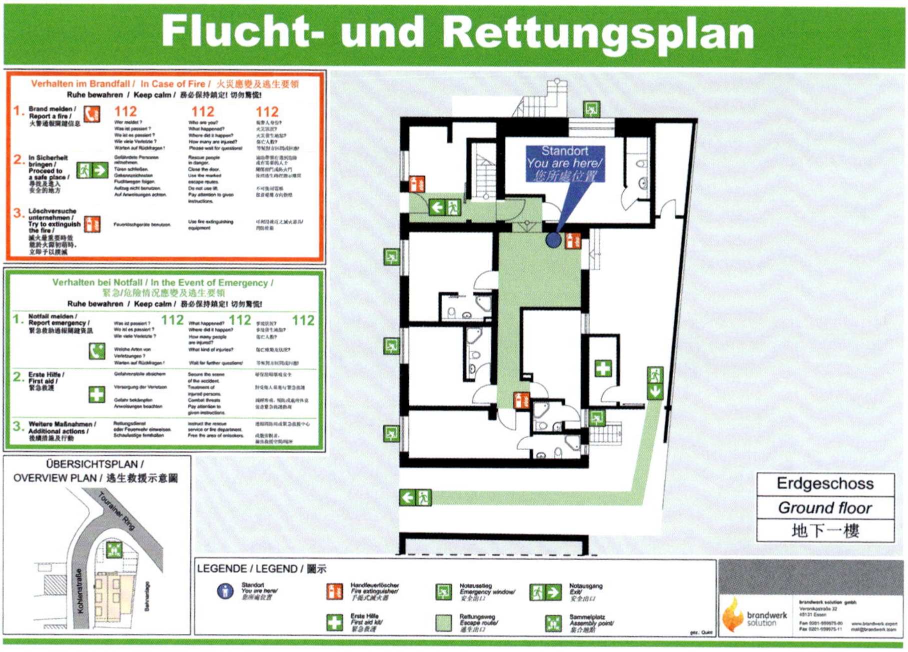

Abb. 6.9: Dreisprachiger Flucht- und Rettungsplan

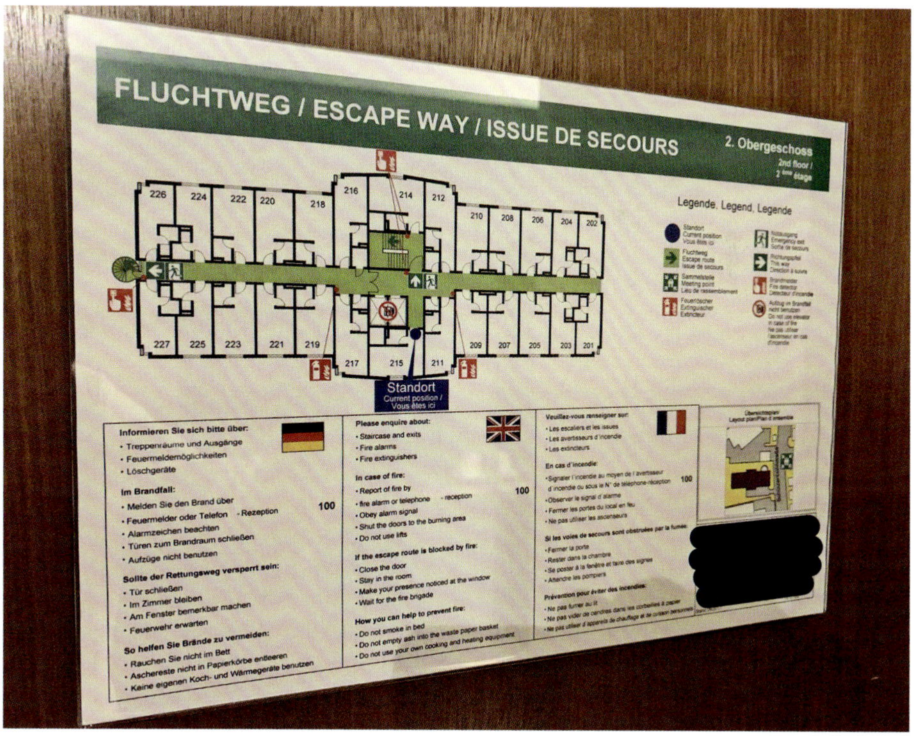

Abb. 6.10: Dreisprachiger Flucht- und Rettungsplan in einem Hotelzimmer

Abb. 6.11: Bodenmarkierung in einer Großgarage (Quelle: spuno – stock.adobe.com)

Abb. 6.12: Notausgangsgestaltung in der Stockholmer U-Bahn (Quelle: Arild Vågen, Wikimedia Commons, lizenziert unter CreativeCommons-Lizenz BY-SA-4.0, https://creativecommons.org/licenses/by-sa/4.0/deed.de)

6.4 Garagen/U-Bahn

In unterirdischen Großgaragen sowie in Objekten der U-Bahn, wo die Ästhetik gerne industriell wirken darf oder zum Teil auch soll, wird heute das Thema Fluchtwegkennzeichnungen oft sehr offensiv angegangen.

Dies bedeutet nicht, dass im Verlauf des Fluchtweges übermäßig viele Kennzeichnungen angebracht werden, sondern dass das Thema Fluchtwegkennzeichnung mit in das Konzept der Gebäudegestaltung aufgenommen wird.

Wie Abb. 6.11 verdeutlicht, können auch sicherheitstechnische Einrichtungen Ästhetik ausstrahlen und zugleich zur Sicherheit beitragen.

Als bekanntes Beispiel sind hier die Notausgänge in der Stockholmer U-Bahn aufzuführen. An der Gestaltung des U-Bahn Netzes der Stockholmer Metro durften sich über 150 Architekten, Maler, Bildhauer und Inszenierungskünstler beteiligen. Auch das Thema Fluchtwegkennzeichnung wurde hier als Konzept offensiv umgesetzt, sodass die Ästhetik darunter nicht gelitten hat.

Wie in Abb. 6.12 dargestellt, handelt es sich bei dem Designkonzept für die Flucht- und Rettungswege im Stockholmer Untergrund um einen „eye-catcher“, der nicht übersehen werden kann.

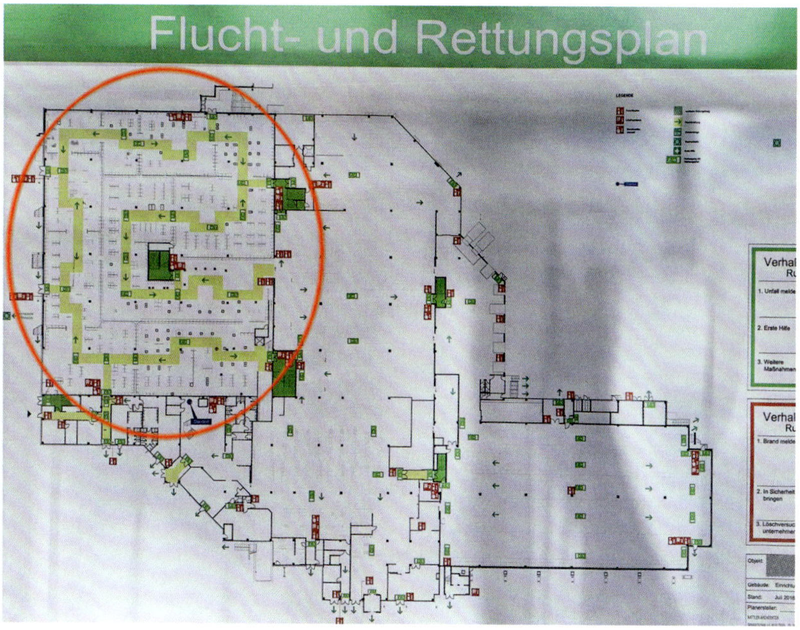

Abb. 6.13: Das Hauptgangsystem einer Verkaufsstätte

6.5 Verkaufsstätten

Das bauordnungsrechtliche Regelwerk für Verkaufsstätten stellt keine expliziten Anforderungen an Flucht- und Rettungspläne. Dementsprechend sollte in diesen Gebäuden anhand der arbeitsschutzrechtlichen Richtlinien (z. B. ASR) sowie der DGUV Regeln entschiedenen werden, ob ein Flucht- und Rettungsplan erforderlich ist.

Die Darstellung der Fluchtwege in den Flucht- und Rettungsplänen deckt in der Regel die Hauptgangsysteme ab. Da die Hauptgangsysteme aufgrund der gewünschten Kundenführung (der Kunde soll möglichst an jedem Regal vorbeilaufen) für den Geschäftsbetrieb eher kontraproduktiv sind, stellen die Pläne auch einen wichtigen Übersichtsplan über das „Konsum-Labyrinth" dar.

Aus diesem Grund werden, wie in Abb. 6.13 gezeigt, in Flucht- und Rettungsplänen für Verkaufsstätten keine Teilausschnitte dargestellt, sondern immer das gesamte Gebäude (bzw. Geschoss).

Diese Pläne sollten im Bereich des Haupteingangs positioniert werden, sodass jeder Kunde sie beim Betreten des Verkaufsraums direkt wahrnehmen kann.

Leider hat die Vergangenheit gezeigt, dass, sofern das Hauptgangsystem angepasst wird (neue Kundenführung), der Flucht- und Rettungsplan häufig nicht aktualisiert wird. Hier müssen die Betreiber besonderes aufmerksam sein.

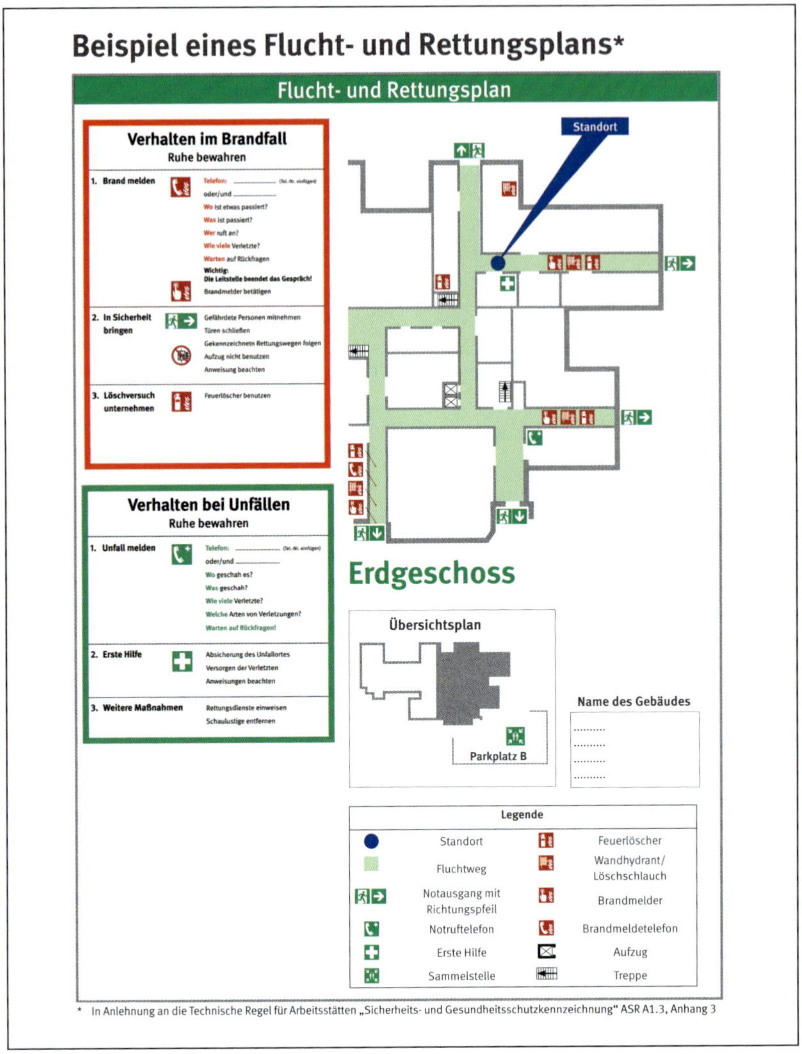

Abb. 6.14: Beispiel eines Flucht- und Rettungsplans (Quelle: DGUV Information 202-051, 2019, S. 8)

6.6 Schulen/Kindertagesstätten

Entsprechend den bauordnungsrechtlichen Verordnungen werden auch in Schulen und Kindertagesstätten keine Anforderungen an die Gestaltung und das Anbringen von Flucht- und Rettungsplänen gestellt.

Hier ist jedoch zu beachten, dass entsprechend den DGUV Informationen zwar Anforderungen sowohl an Schulen als auch an Kindertagesstätten gestellt werden, diese aber keinen gesetzlichen Charakter haben.

In der DGUV Information 202-051 „Feueralarm in der Schule“ (2019) wird ein Flucht- und Rettungsplan als Beispiel dargestellt (siehe Abb. 6.14), der in Anlehnung an die Anforderungen der ASR A1.3 (2022) erstellt wurde.

Abb. 6.15: In kindgerechter Höhe platzierter Flucht- und Rettungsplan (Quelle: Kindergarten Nezabudka 1, Frankfurt/Main)

In Kindertagesstätten sollten, zusätzlich zu den arbeitsschutzrechtlichen Aspekten sowie den Vorschriften der Unfallversicherer, die Richtlinien der Feuerwehren der einzelnen Kommunen oder auch der Länder beachtet werden.

Hier ist nämlich zu berücksichtigen, dass in den einzelnen Kommunen Stellungnahmen von den Feuerwehren herausgegeben wurden, die als Planungshilfe herangezogen werden können. In diesen Stellungnahmen wird teilweise auch das Erfordernis an einen Flucht- und Rettungsplan formuliert.

Generell muss jedoch bei Kindertagesstätten beachtet werden, dass die Flucht- und Rettungspläne ausschließlich für die Betreuer erforderlich sind, da nur diese sie auch vollständig lesen und verstehen können.

Der Versuch, die Flucht- und Rettungspläne auf eine kindgerechte Höhe zu hängen (siehe Abb. 6.15), erscheint zunächst zwar vernünftig, wird aber dem intendierten Ziel in der Praxis nicht gerecht.

Da die heutigen Kindertagesstätten meist sehr übersichtlich gestaltet sind und die Rettungswege in den meisten Einrichtungen aus jedem Raum direkt ins Freie verlaufen, sollte darüber nachgedacht werden, ob hier nicht vielmehr versucht werden sollte, die Pläne auch kindgerecht zu gestalten, sodass die Kinder spielend lernen können, was ein Flucht- und Rettungsplan ist und wie er zu lesen ist.

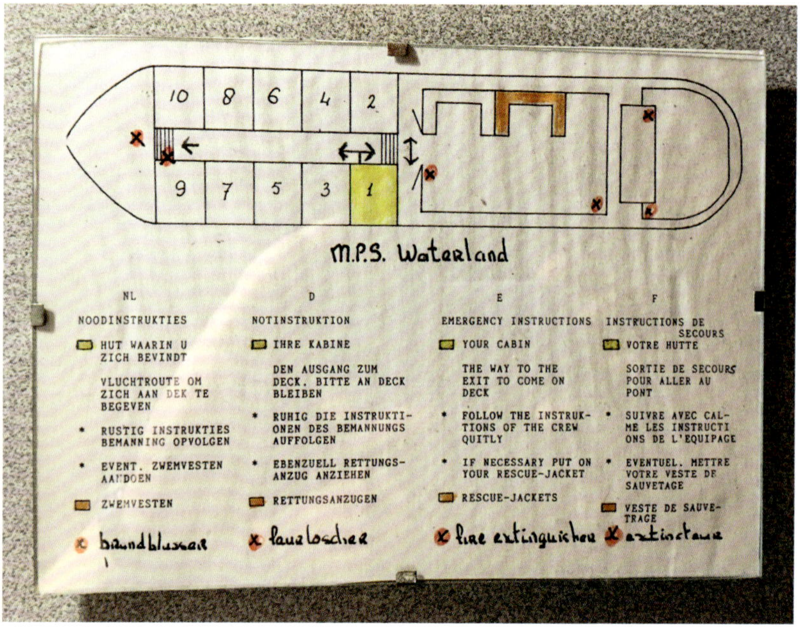

Abb. 6.16: Flucht- und Rettungsplan auf einem Hausboot, das als Beherbergungsstätte genutzt wird

6.7 Unkonventionelle Lösungen für Flucht- und Rettungspläne

Neben den Grundlagen und den verschiedenen Anforderungen zur Erstellung und Gestaltung von Flucht- und Rettungsplänen sowie der Sicherheitszeichen zur Fluchtwegsteuerung finden sich im Alltag dennoch Ausnahmen und individuelle Lösungen.

Die Beschaffenheit von Flucht- und Rettungsplänen hängt zum Teil ganz einfach auch von den Fähigkeiten und dem Kenntnisstand des Erstellers ab. In Abb. 6.16 wurde die grafische Darstellung auf nur wenige Inhalte beschränkt, diese jedoch in verschiedenen Sprachen beschriftet. Zu beanstanden ist hier jedoch auf jeden Fall die fehlende Überschrift, wodurch ein Betrachter den Aushang womöglich nicht sofort als Flucht- und Rettungsplan identifizieren kann. Ebenso entspricht die nachträgliche handschriftliche Korrektur von Planeintragungen nicht den Vorschriften. In Ausnahmefällen, beispielsweise nach kurzfristig geänderten Gegebenheiten, ist eine handschriftliche Anpassung selbstverständlich besser als eine fehlerhafte Eintragung.

Eine weitere Ausführung, die nicht den Normanforderungen entspricht, ist der Abb. 6.17 zu entnehmen. Auch hier kann der Betrachter nur vermuten, dass es sich um einen Flucht- und Rettungsplan handelt, da wieder die Überschrift fehlt. Auch sind in dem Dokument nur einige geringe Informationen verzeichnet. Möglicherweise würden viele Menschen im Notfall auch anhand dieser Beschreibung einen Ausgang finden. Dennoch müssen bei der Erstellung von Flucht- und Rettungsplänen die Grundanforderungen an Ausführung und Gestaltung auf jeden Fall eingehalten werden, da diese

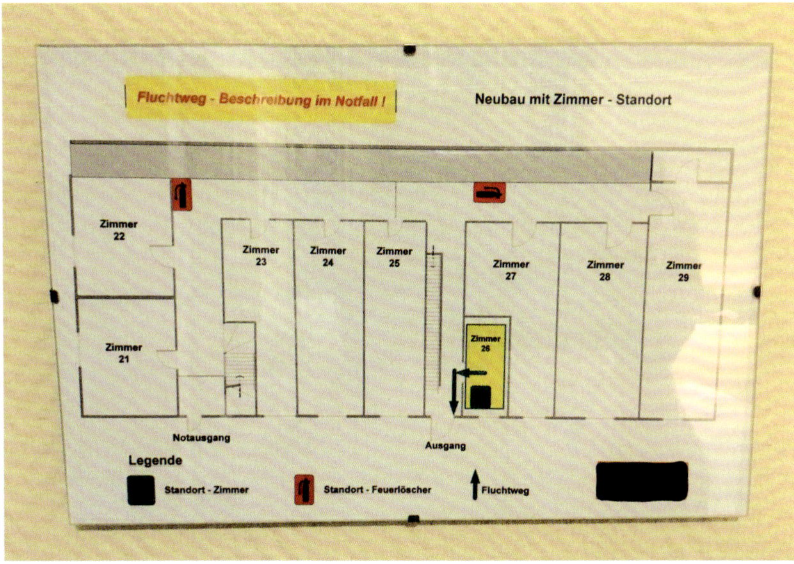

Abb. 6.17: Flucht- und Rettungsplan in einem Hotelzimmer (Beherbergungsstätte)

Abb. 6.18: Fluchtwegkennzeichnung durch Projektion (Versammlungsstätte)

aufgrund ihrer Vereinheitlichung jedem Nutzer eine schnelle Orientierung und Verständlichkeit bieten soll. Daher sind für die Gestaltung von Flucht- und Rettungsplänen auch bestimmte Farben und Zeichen festgelegt worden.

Sicherheitszeichen müssen nicht immer statisch sein. Beispielsweise wurde bei einer Veranstaltung in einem alten denkmalgeschützten Industriegebäude ein Sicherheitszeichen über eine Projektion auf dem Boden dargestellt (siehe Abb. 6.18). So wurde eine zweifelsfreie Erkennbarkeit sichergestellt und zudem für einen „WOW-Effekt" gesorgt.

Abb. 6.19: Improvisierte Fluchtwegkennzeichnung während Baumaßnahmen

Anders bei der in Abb. 6.19 gezeigten Vorgehensweise. Dieses Sicherheitszeichen, das aus grünem Klebeband improvisiert wurde, stellt auch eine Minimallösung dar, die aber wiederum besser ist als gar keine Markierung. Auf einer Baustelle waren die Rahmenbedingungen für normgerechte Sicherheitszeichen nicht gegeben. So wurde von den Beteiligten kurzerhand eine diese notdürftige Kennzeichnung aufgebracht, die aber dennoch wenig Fragen offen lässt. In der grünen Signaltonfarbe für Rettungswege kann so eine Orientierung deutlich verbessert werden, vorausgesetzt, dies stellt keine dauerhafte Ausführung dar. Zur temporären Absicherung kann dies durchaus hilfreich und schutzzielorientiert sein.

Nicht immer findet sich eine Wand, an der genügend freie Fläche vorhanden ist, um Flucht- und Rettungspläne aufzuhängen. In diesem Fall muss natürlich eine Alternative gefunden werden. Die Betreiber eines Einkaufszentrums fanden eine äußerst empfehlenswerte Lösung. Auf den aufgrund ihrer Farbe sehr auffälligen Wandhydrantenschränken wurden die Flucht- und Rettungspläne stehend angebracht. So wurden keine Wandflächen benötigt und dennoch ist die Erkennbarkeit ausreichend gewährleistet. Und durch die Verbindung mit dem Wandhydrantenschrank und den weiteren sicherheitstechnischen Einrichtungen wurde auf diese Weise ebenfalls eine Art „Rettungsinsel" (siehe Abb. 6.20) geschaffen.

Neben den zuvor gezeigten großformatigen Darstellungen von Flucht- und Rettungsplänen finden sich aber leider auch oft zu klein dimensionierte Exemplare. In einer Ladeneinheit eines Einkaufszentrums (siehe Abb. 6.21) wurde vermutlich die Verpflichtung, Flucht- und Rettungspläne zu erstellen, seitens der Hauptverwaltung an die Mieter übertragen. Der Betreiber dieser Ladeneinheit hat sich offensichtlich bemüht, bei der Gestaltung seines Plans normgerechte Darstellungen zu wählen. Doch leider ist sein Flucht- und Rettungsplan deutlich zu klein dimensioniert. Dadurch ist für die Besucher des Ladens keine hinreichende Erkennbarkeit gewährleistet.

Abb. 6.22 zeigt einen regelrechten „Schilderwald", in dem zu allem Überfluss nicht einmal alle Sicherheitszeichen in dieselbe Richtung zeigen. In dieser Kindertagesstätte wurden im Verlauf des Flures, der kein notwendiger Flur ist, auf kurzen Wegen 4 Sicherheitszeichen angebracht. Durch das Oberlicht über der Rauchschutztür werden es für den Betrachter sogar 5, weil ein

Abb. 6.20: Platzierung von Flucht- und Rettungsplänen an „Rettungsinseln"

Abb. 6.21: Ein Flucht- und Rettungsplan erzeugt in dieser geringen Größe nicht genug Aufmerksamkeit.

Abb. 6.22: Ein Beispiel für übergenaue Fluchtwegkennzeichnung

Abb. 6.23: Hier ist der Zugang zum Flucht- und Rettungsplan sowie den Rettungsgeräten durch einen Verkaufsaufsteller behindert.

Abb. 6.24: Der kürzeste Weg zum Ausgang kann in manchen Objekten sehr lang sein.

Sicherheitszeichen spiegelt. Die ersten beiden (oder durch die optische Täuschung sogar 3) zeigen nach rechts, Ein weiteres zeigt nach links und das letzte sogar nach unten. In einem solchen Fall hätte auf einige Zeichen verzichtet werden können, da selbst das am weitesten entfernt liegende Fluchtwegzeichen vom Standpunkt des Fotografen aus gut zu erkennen ist.

Die in Abb. 6.23 dargestellte Nische hinter einem Verkaufsregal innerhalb des Supermarkts wurde vermutlich vorgesehen, um an diesen Stellen Wandhydranten und weitere sicherheitstechnische Einrichtungen unterzubringen. Dadurch sollten sie wahrscheinlich aus dem Kundenverkehr ein wenig herausgenommen und dadurch vor Beschädigungen geschützt werden. Da diese Wandflächen im Zuge der Markteinrichtung für die Aufstelleranordnung genutzt werden, ist die Nische nunmehr nicht mehr zugänglich. Dadurch sind nicht nur die sicherheitstechnischen Einrichtungen (Wandhydrant, Feuerlöscher, Handfeuermelder) nicht mehr zugänglich. Auch vergrößert dies die Entfernung zum Flucht- und Rettungsplan, sodass dessen Erkennbarkeit und eindeutige Wahrnehmung behindert wird.

Rettungswege sollen auf kürzestem Wege in Sicherheit führen. Doch sagt dies nichts über die tatsächliche Länge dieses „kürzesten Rettungsweges" aus. Die Abb. 6.24 zeigt eine Darstellung und Ausweisung von Fluchtwegen auf einer freien Versammlungsstätte eines Stadtfestes. Wenn die Veranstaltung sich über weiträumige Bereiche eines Stadtteils erstreckt, können die Rettungswege durchaus längere Wegstrecken aus der eigentlichen

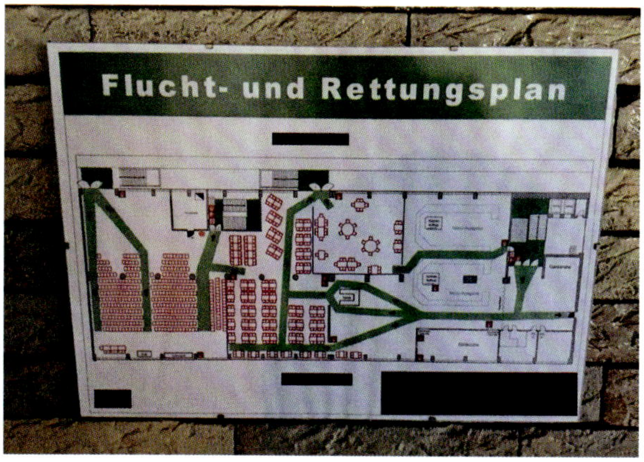

Abb. 6.25: Ohne Legende ist ein Flucht- und Rettungsplan für Laien nur schwer zu deuten.

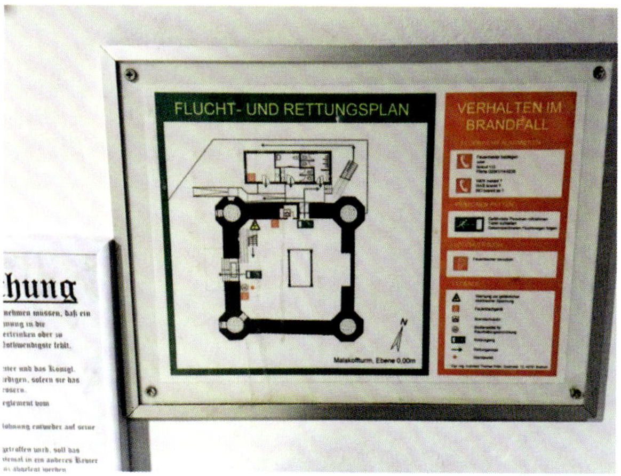

Abb. 6.26: Die Verhaltensregeln im Brandfall dürfen durchaus auch etwas größer als üblich dargestellt werden.

„Versammlungsstätte" heraus darstellen. In Abhängigkeit der Gefährdung und des Risikos kann beispielsweise ein 1000 Meter langer Rettungsweg, der aber ausschließlich im Freien liegt, durchaus adäquat und schutzzielgerecht sein. Diese Situationen sind allerdings immer abhängig von weiteren Rahmenbedingungen, die bei der Konzeption zu prüfen und festzulegen sind.

An der Darstellung des Flucht- und Rettungsplans in Abb. 6.25 ist auf den ersten Blick nichts auszusetzen. Allerdings fehlt eine Legende zur Erläuterung der in diesem Plan verwendeten Symbole. Wer sich also mit deren Bedeutungen auseinandersetzen will und nicht vom Fach ist, wird aus diesem Aushang keinen Aufschluss darüber erhalten.

Neben der Darstellung der Ausgänge und der Flucht- und Rettungswege sind die Verhaltensregeln im Brandfall ebenfalls sehr bedeutend. In dem in Abb. 6.26 dargestellten Exemplar wurden die Angaben zum Verhalten in Notfällen im Verhältnis zum restlichen Plan recht groß dargestellt. Diese Art der Darstellung stellt keinen Regelverstoß dar. Es ist entscheidend, dass alle notwendigen Angaben enthalten sind – darüber hinaus kommt es erst an zweiter Stelle auf die Gestaltung oder das Größenverhältnis an. Abhängig von den örtlichen Gegebenheiten können die Verhaltensregeln somit über-

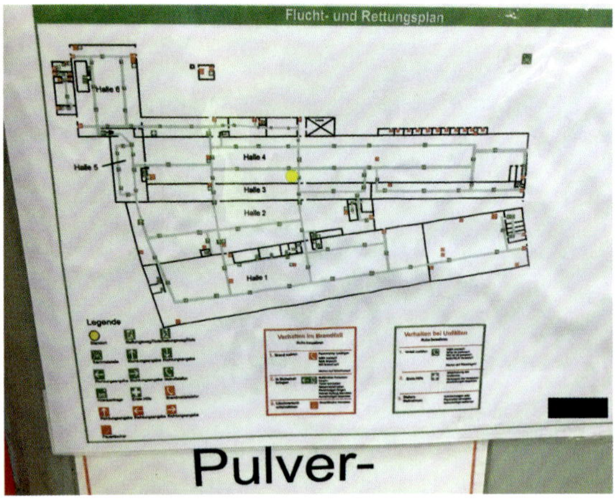

Abb. 6.27: Darstellung des Standorts in einem Flucht- und Rettungsplan mithilfe von Klebepunkten

proportional groß dargestellt werden. Da bei dem dargestellten Objekt die Gebäudestruktur sehr überschaubar und die Lage der Ausgänge eindeutig erkennbar ist, spricht nichts dagegen, den Verhaltensregeln derart viel Raum zu geben.

Manche Betreiber benötigen eine gewisse Flexibilität bei der Nutzung ihrer Flucht- und Rettungspläne. In dem in Abb. 6.27 gezeigten Beispiel verwendet der Betreiber einer Industriehalle runde gelbe Klebepunkte, um auf der immer gleichen Flucht- und Rettungsplan-Vorlage den jeweiligen Standort des Betrachters zu markieren. Doch wie geht er damit um, wenn der Plan dann nicht mehr lagerichtig ist?

Zudem ist wohl die Anzahl möglicher Anbringungsorte begrenzt. Deshalb wird auf der gewählten Vorlage immer der gesamte Grundriss der Halle dargestellt, ohne sinnreich Teilausschnitte zu wählen.

Eine punktuelle Anbringung von Aufklebern zur Kennzeichnung der Standorte kann in der Praxis aber durchaus zielführend und angebracht sein, wenn beispielsweise regelmäßige Änderungen in der Wegeführung (Hauptgänge) erforderlich sein können. Damit kann der Betreiber flexibel auf Änderungen reagieren, was sich positiv auf die Aktualität des Flucht- und Rettungsplans auswirken kann. Allerdings sollte dabei auf die richtige Farbwahl geachtet werden, da statt des in unserem Beispiel vom Betreiber verwendeten Gelb mittlerweile Blau vorgeschrieben ist.

In der in Abb. 6.28 dargestellten Halle ohne Einbauten oder Zwischenwände wurden zwar die Notausgänge, nicht aber die Fluchtwege eingezeichnet. Der Ersteller des Plans mag vermutet haben, dass das Erreichen der Notausgänge in dieser gut übersichtlichen Halle ja für jeden Betrachter selbsterklärend sein muss. Jedoch ist die Markierung der kürzesten Wege zu den Ausgängen nun einmal verpflichtend, sodass es auch in diesem Fall erforderlich gewesen wäre.

Obwohl sich der Betrachter des in Abb. 6.29 gezeigten Flucht- und Rettungsplans im Erdgeschoss befindet, ist dieses genauso groß dargestellt wie das erste und zweite Stockwerk. Der kürzeste Weg ins Freie würde für den Be-

Abb. 6.28: Auch wenn der Weg zu den Ausgängen hier eindeutig zu sein scheint, müssen die Fluchtwege vom jeweiligen Standort aus verzeichnet sein.

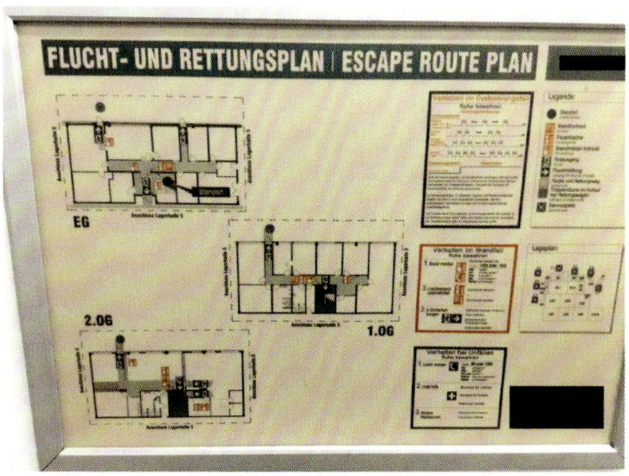

Abb. 6.29: Auf einem Flucht- und Rettungsplan müssen jeweils nur die Teile eines Objekts abgebildet sein, die für die Flucht vom jeweiligen Standort aus relevant sind.

Abb. 6.30: Nur die Hauptgänge sollten in einem Flucht- und Rettungsplan grün gekennzeichnet werden, nicht sämtliche im Normalfall ungenutzten Flächen.

trachter in diesem Fall jedoch nicht über die beiden oberen Stockwerke führen, weshalb deren Darstellung in diesem betreffenden Plan sinnlos ist. Zumindest sollte das Erdgeschoss im Gegensatz zu den beiden anderen Etagen deutlich größer und detaillierter dargestellt werden.

Alle nicht zugestellten Flächen wurden in dem in Abb. 6.30 dargestellten Flucht- und Rettungsplan einer etwa 60 Meter langen Halle mit zahlreichen

Abb. 6.31: Der Flucht- und Rettungsplan muss als solcher klar erkennbar sein – das ist bei dem hier gezeigten Beispiel nicht der Fall.

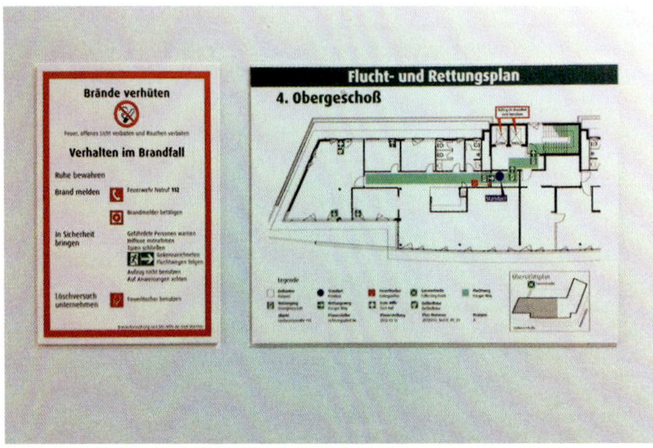

Abb. 6.32: Die Verhaltensregeln im Brandfall müssen nicht zwingend in den Flucht- und Rettungsplan integriert sein. Sie müssen nur in seiner unmittelbaren Nähe angebracht sein (Quelle: richtungspfeil.de, München).

Lager- und Produktionsflächen grün dargestellt. Bei einer Brandschau könnten diese grün dargestellten Flächen als notwendige Flure interpretiert und dann höchstwahrscheinlich die ein oder andere Brandlast auf ihnen bemängelt werden. Um Irrtümer zu vermeiden, sollten derartige Flächen auf Flucht- und Rettungsplänen nicht voll verfüllt werden, sondern lediglich die auch vor Ort gekennzeichneten Hauptgänge, die tatsächlich als Fluchtweg dienen.

Die Lage der Notausgänge sollte bei dem in Abb. 6.31 gezeigten Beispiel gut verständlich markiert sein. Doch werden die Betrachter im Notfall auch den Flucht- und Rettungsplan bemerken, der darunter angebracht ist? Da die Überschrift des Plans nicht in der genormten Formatierung ausgeführt wurde, wird ein kurzer Blick auf das Papier möglicherweise nicht seinen Inhalt enthüllen. Die Funktion und Intention des Flucht- und Rettungsplans geht in dieser Form der Darstellung unter. Weiterhin sind die Standorte sicherheitsrelevanter Einrichtungen darauf nicht klar ersichtlich verzeichnet. Diese Ausführung sollte daher in der Praxis nicht beibehalten werden.

Wie bereits in den vorangegangenen Kapiteln erläutert, müssen die Verhaltensregeln nach den Anforderungen der DIN nicht zwingend in den Flucht- und Rettungsplan integriert werden. Auch die in Abb. 6.32 dargestellte Anbringung in der Nähe ist eine Möglichkeit. Dadurch ist die Aktualisierung bei Änderungen entweder im Flucht- und Rettungsplan oder in den Verhal-

Abb. 6.33: In Ausnahmefällen dürfen Sicherheitszeichen eine von der Norm abweichende Farbe haben.

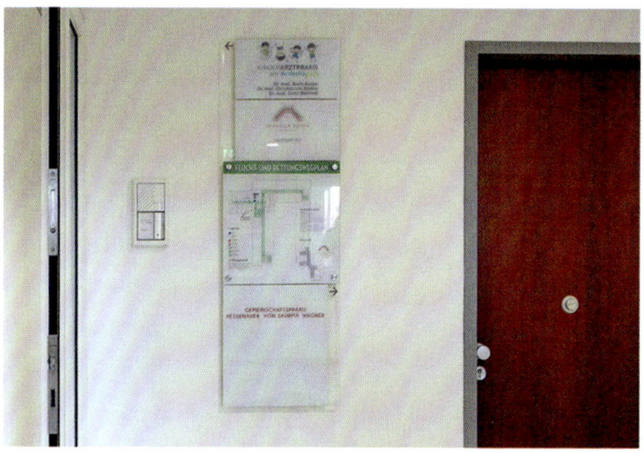

Abb. 6.34: Ein Flucht- und Rettungsplan muss nicht unbedingt einzeln an einer Wand platziert sein (Quelle: richtungspfeil.de, München).

tensregeln auf eine Komponente beschränkt, die somit einzeln ausgetauscht werden kann.

Abweichende Darstellungen von Sicherheitszeichen sind oftmals dem Alter der Beschilderungen oder den Möglichkeiten geschuldet. Doch auch bewusst abweichende Ausführungen sind manchmal wichtig und für ein sicherheitstechnisches Konzept erforderlich. In Abb. 6.33 ist beispielsweise ein Sicherheitszeichen entgegen den bekannten Normen in Blau ausgeführt. Es befindet sich an einer unterirdischen Bahnhofshaltestelle. Da die Rettungswege, auf die es sich bezieht, im Bereich der Tunneleinfahrt angeordnet sind, musste diese Farbgebung gewählt werden. Denn unmittelbar dahinter befindet sich die Ampelanlage für den Bahnbetrieb, die signalisiert, ob die Einfahrt in den Tunnel möglich ist. Da Ampelsysteme zeitweise grüne Lichtsignale anzeigen, war in diesem Fall eine alternative Farbgebung des Sicherheitszeichens erforderlich. Es weist zudem nur den Weg über eine Bypasstür, als Alternative für ein eventuell geschlossenes Brandschutztor. Daher wird es auch erst im Brandfall aktiviert und hinterleuchtet. Eine schutzzielgerichtete und mit anderen Anforderungen in Einklang gebrachte Lösung.

Der Flucht- und Rettungsplan muss nicht unbedingt isoliert in einem Gebäude platziert werden. Die Integration in andere Orientierungssysteme kann durchaus empfehlenswert sein, wie Abb. 6.34 verdeutlicht. Auf diese Weise lässt sich gewährleisten, dass die Flucht- und Rettungspläne von

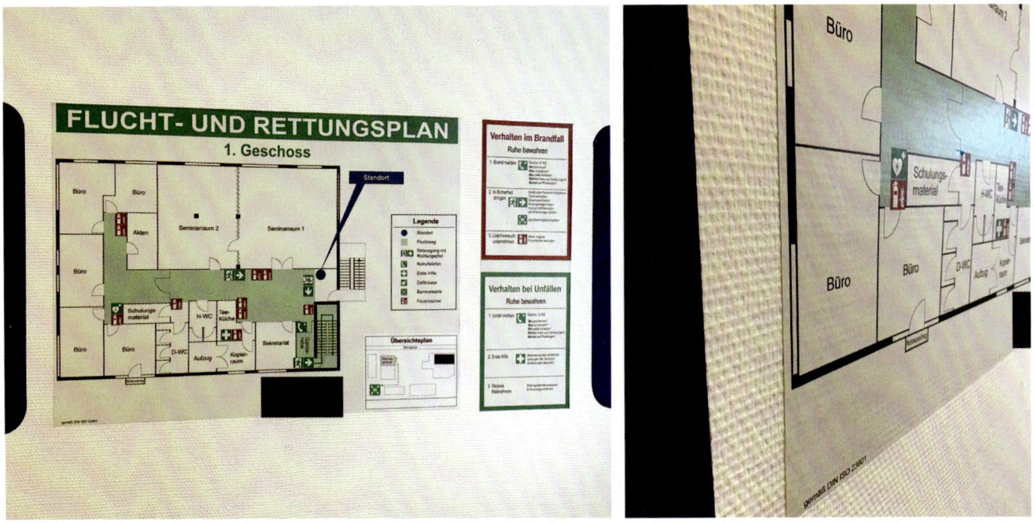

Abb. 6.35: Flucht- und Rettungsplan auf Tapete

Besuchern auch dann wahrgenommen werden, wenn sie sich nur orientieren wollen.

Eine weitere Gestaltungsmöglichkeit ist die Aufbringung der Flucht- und Rettungspläne als Tapetendruck in die darüber hinaus vorhandenen Orientierungs- oder Beschriftungssysteme, wie in Abb. 6.35 dargestellt. In diesem Fallbeispiel wurden die Flucht- und Rettungspläne auf einer dünnen Folie als Ergänzung der Tapete gedruckt und direkt auf der Wandfläche aufgebracht. Dabei wurde die Größe des Plans entsprechend bemessen und mit den weiteren Wandelementen in der Höhe abgeglichen und einheitlich gestaltet, um eine gemeinsame Form und einheitliche Darstellung der Elemente zu betonen.

7 Schrittweise Erstellung eines Flucht- und Rettungsplans

Die Beispiele im vorigen Kapitel haben gezeigt, dass falsch oder nicht regelkonform gestaltete Flucht- und Rettungspläne oft weniger dem Desinteresse oder bösen Willen der Betreiber geschuldet sind. Vielmehr liegt der Grund meist in der Unkenntnis der betreffenden Regelwerke. Um den Betroffenen in der Praxis die Erstellung eines Flucht- und Rettungsplans zu erleichtern, werden im Folgenden die wesentlichsten Merkmale in 11 Schritten erläutert und grafisch dargestellt:

1. Festlegen der erforderlichen Plangröße

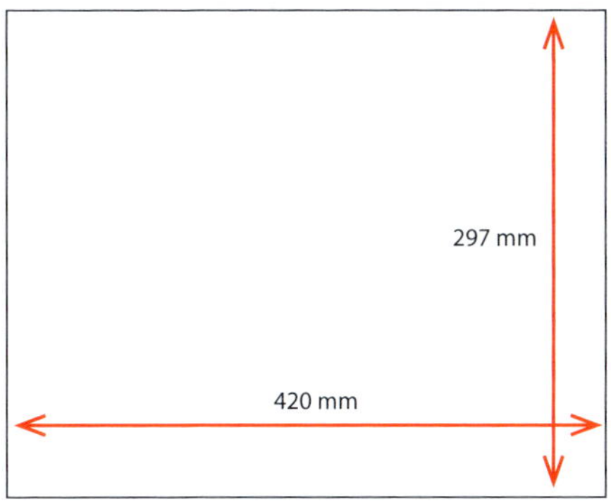

Abb. 7.1: In den meisten Fällen ist ein DIN-A3-Format (297 mm × 420 mm) ausreichend.

2. Einfügen der Überschrift entsprechend der Gestaltungsangaben

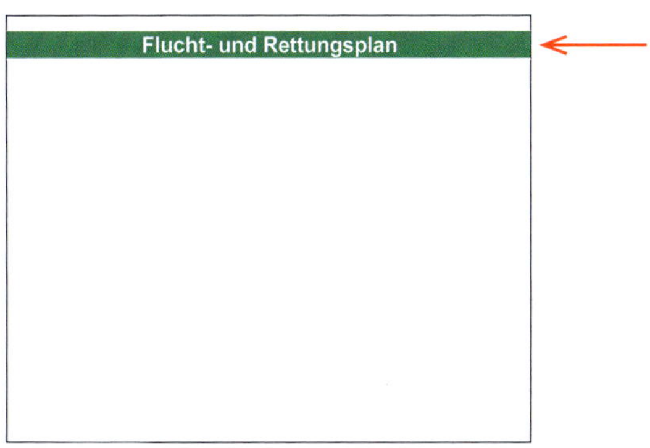

Abb. 7.2: Die Überschrift muss nach DIN 23601 in der Sicherheitsfarbe Grün dargestellt werden. Auch deren Buchstabenhöhe und Platzierung auf dem Blatt legt die Norm fest.

3. Positionierung des erforderlichen Grundrisses im Planrahmen

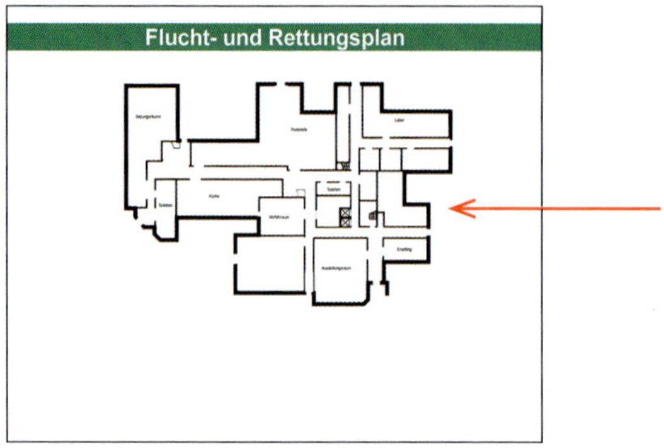

Abb. 7.3: Der Grundriss muss lagegerecht zum späteren Anbringungsort auf dem Plan positioniert werden.

4. Darstellung der Fluchtwege innerhalb des Grundrisses

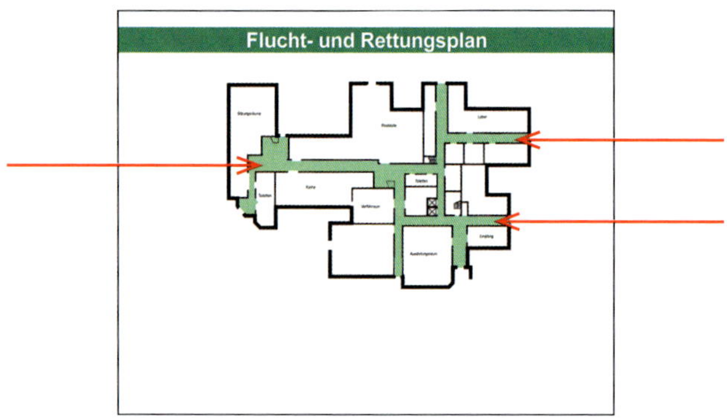

Abb. 7.4: Fluchtwege müssen in der Sicherheitsfarbe Grün im Grundriss markiert werden.

5. Positionierung des Standortes des darzustellenden Flucht- und Rettungsplans

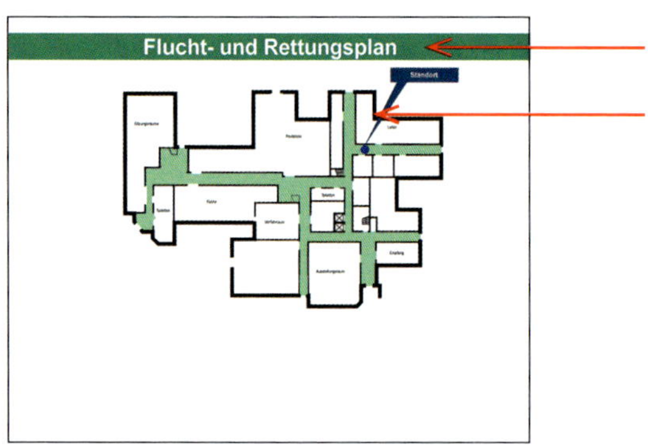

Abb. 7.5: Der Standort muss in der Sicherheitsfarbe Blau nach ISO 3864-4 dargestellt werden.

6. Darstellung der Fluchtwege, Ausgänge, Notausgänge im Plan

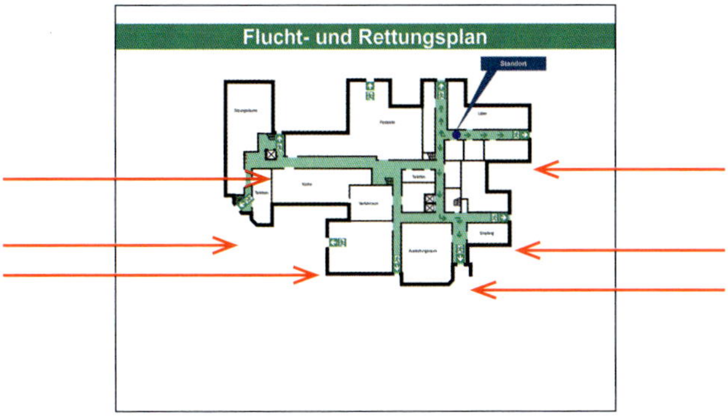

Abb. 7.6: Die Fluchtwege, Aus- und Notausgänge müssen im Plan durch die entsprechenden Sicherheits- und Zusatzzeichen sowie die Richtungspfeile vom Standort ausgehend markiert werden.

7. Einfügen der Standorte der Brandschutzeinrichtungen

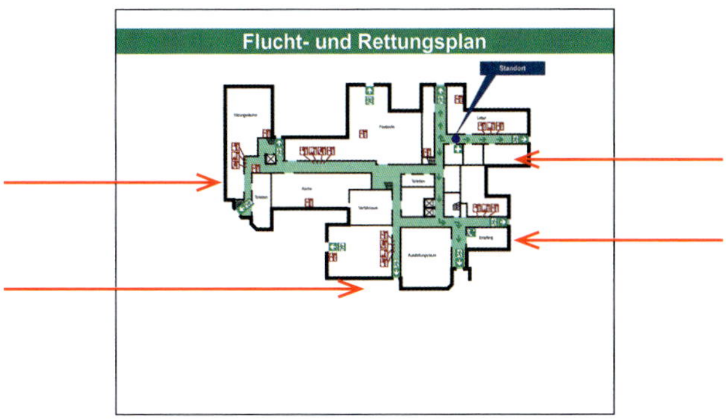

Abb. 7.7: Die Brandschutzeinrichtungen sowie die Erste-Hilfe-Standorte müssen durch die entsprechenden Symbole eingezeichnet werden.

8. Darstellung des Übersichtsplans des Geländes

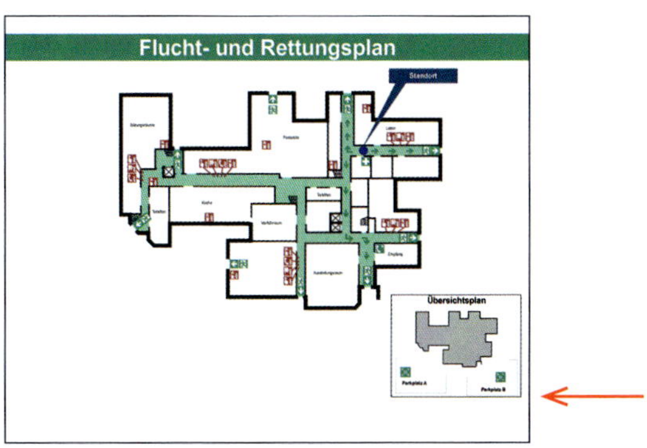

Abb. 7.8: Der Übersichtsplan des Geländes wird mit farblicher Hinterlegung des betroffenen Gebäudes und Kennzeichnung der Sammelstellen hinzugefügt.

9. Einfügen der zusätzlichen Informationen

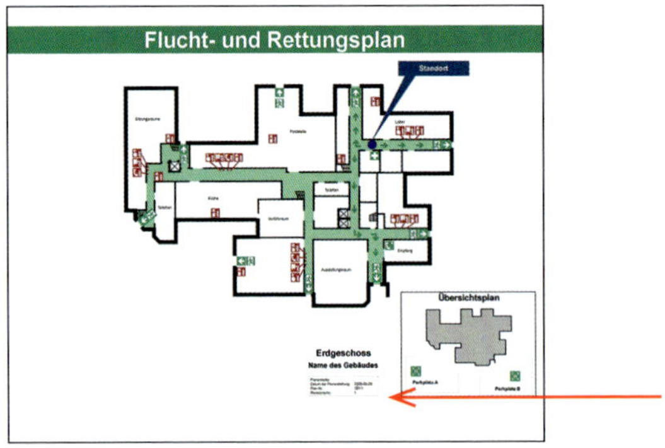

Abb. 7.9: Die zusätzlichen Informationen werden hinzugefügt. Dazu gehören die Objektbezeichnung des betroffenen Geschosses sowie die Planerstellerdaten wie Name, Datum der Erstellung, Plannummer und gegebenenfalls Index.

10. Einfügen der Legende

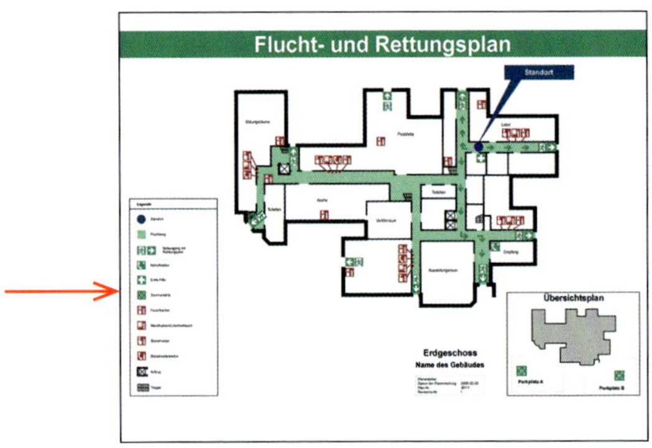

Abb. 7.10: Die Legende, die die verwendeten Piktogramme erläutert, wird hinzugefügt.

11. Einfügen der Verhaltensregeln

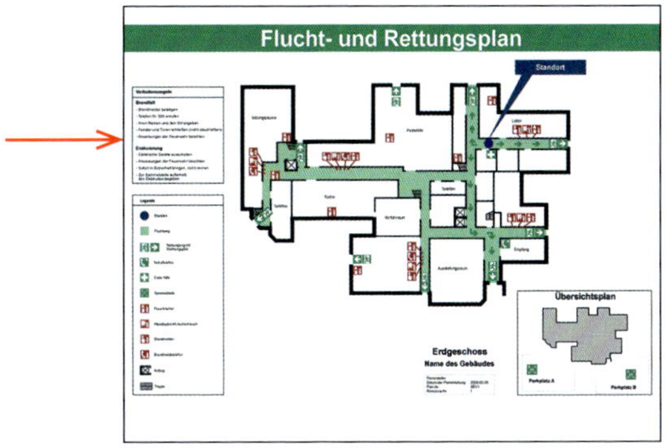

Abb. 7.11: Die Verhaltensregeln für den Brandfall werden hinzugefügt. Damit ist der Flucht- und Rettungsplan fertiggestellt.

Anhand dieser überschaubaren Anleitung lässt sich prinzipiell ein regelkonformer Flucht- und Rettungsplan erstellen. Da große Sonderbauten jedoch hinsichtlich ihrer objektspezifischen Anforderungen und Einrichtungen durchaus stark variieren können, sind die oben abgebildeten Inhalte nur als beispielhafte Darstellungen zu verstehen.

8 Checkliste

Die Praxis hat gezeigt, dass häufig Flucht- und Rettungspläne erstellt werden, die gar nicht erforderlich wären. In anderen Fällen werden keine Flucht- und Rettungspläne erstellt, obwohl die Anforderung dafür durchaus vorhanden war.

Darüber hinaus zeigt sich immer wieder, dass ein einmal erstellter Flucht- und Rettungsplan in der Regel selten bis gar nicht angepasst wird.

Um in Zukunft genau festlegen zu können, ob eine Anpassung eines Flucht- und Rettungsplans erforderlich wird, oder ob bei einem Objekt ein entsprechender Plan überhaupt erforderlich ist, bietet die folgende Checkliste Hilfestellungen.

Einen schnellen Überblick vermittelt die folgende Beurteilung in 3 Schritten.

1. Beurteilung, ob aus rechtsverbindlichen Regelwerken (Gesetze, Verordnungen usw.) ein Erfordernis für Flucht- und Rettungspläne besteht
2. Beurteilung, ob aufgrund von Anforderungen, beispielsweise anhand einer Gefährdungsbeurteilung, Flucht- und Rettungspläne erstellt werden müssen
3. Beurteilung der im Bestand vorhandenen Flucht- und Rettungspläne anhand der baulichen sowie nutzungsspezifischen Gegebenheiten nach einer Checkliste

Beurteilung, ob aus rechtsverbindlichen Regelwerken (Gesetze, Verordnungen usw.) ein Erfordernis für Flucht- und Rettungspläne besteht

Zur Beurteilung, ob ein Flucht- und Rettungsplan erforderlich ist, sind generell alle das Gebäude möglicherweise betreffenden Regelwerke zu überprüfen.

Dies bedeutet, dass beispielsweise geprüft werden muss, welche rechtsverbindlichen Regelwerke für eine Beurteilung des Gebäudes herangezogen werden müssen, oder, zur Beurteilung des Bestands, welche Regelwerke berücksichtigt wurden.

Hierfür sollten zur Überprüfung zunächst alle für das Gebäude relevanten Dokumente zusammengetragen werden (wie z. B. Baugenehmigung, Brandschutzkonzept, Gefährdungsbeurteilungen usw.).

Aus diesen Dokumenten lässt sich in der Regel schnell ermitteln, wie das Gebäude eingestuft wurde, und ob beispielsweise die ASR oder die DGUV Anwendung finden (vgl. Tabelle 8.1).

Tabelle 8.1: Die erste Prüfung der möglichen Notwendigkeit eines Flucht- und Rettungsplans beginnt mit den das Gebäude betreffenden gesetzlichen Regelwerken.

Sachverhalt	**Beschreibung**	**Erfordernis**	**Bemerkung**
Handelt es sich z. B. um eine Arbeitsstätte (Berücksichtigung ASR) bzw. sind weitere Anforderungen wie z. B. die DGUV zu berücksichtigen und werden Anforderungen in Regelwerken beschrieben?	Die Art der Nutzung der Gebäude muss geprüft werden (z. B. Bürogebäude, Verkaufsstätte usw.). Daraus folgt, welches gesetzliche Regelwerk auf das Erfordernis für einen Flucht- und Rettungsplan geprüft werden muss.	JA	Sofern das Erfordernis besteht, müssen die weiteren Punkte (siehe Tabelle 8.2) geprüft werden.
		NEIN	Sofern kein Erfordernis besteht, wie z. B. bei Versammlungsstätten im Freien, sollten ggf. weitere Maßnahmen erwogen werden. Dies könnte z. B. sein, dass anstelle eines Flucht- und Rettungsplans Übersichtspläne erstellt werden, die analog dazu den Besuchern die erforderlichen Einrichtungen (z. B. Erste Hilfe) sowie die Ausgänge von einem Gelände anzeigen.

Beurteilung, ob aufgrund von Anforderungen, beispielsweise anhand einer Gefährdungsbeurteilung, Flucht- und Rettungswegpläne erstellt werden müssen

Sofern gesetzliche Anforderungen zu berücksichtigen sind (Arbeitsstättenverordnung, DGUV usw.), muss anhand der in Tabelle 8.2 aufgeführten randspezifischen Anforderungen geprüft werden, ob tatsächlich ein Flucht- und Rettungsplan erstellt werden muss.

Tabelle 8.2: Eine Gefährdungsbeurteilung kann weitere Rückschlüsse auf die mögliche Notwendigkeit eines Flucht- und Rettungsplan bieten.

<table>
<tr><th colspan="4">Erfordernis Flucht- und Rettungsplan</th></tr>
<tr><th>Sachverhalt</th><th>Beschreibung</th><th>erfüllt (Antwort)</th><th>Bemerkung</th></tr>
<tr><td rowspan="2">Liegt eine unübersichtliche Fluchtwegführung vor?</td><td rowspan="2">☑ Fluchtwege bzw. Rettungswege führen über andere Geschosse nicht direkt ins Freie bzw. in einen Treppenraum
☑ Fluchtwege führen durch größere Räume, in denen die Ausgänge nicht direkt ersichtlich sind (z. B. Verkaufsstätte, Großraumbüro mit Einbauten)
☑ Verlauf der Fluchtwege nicht gradlinig zu den Ausgängen, sondern gewinkelte oder von den normalen Verkehrswegen abweichende Wegführung
☑ …</td><td>JA</td><td>Flucht- und Rettungsplan ist zu erstellen.</td></tr>
<tr><td>NEIN</td><td>Ggf. ist kein Flucht- und Rettungsplan erforderlich, weitere evtl. vorhandene Gefährdungen müssen untersucht werden.</td></tr>
<tr><td rowspan="2">Liegt ein hoher Anteil an ortsunkundigen Personen vor?</td><td rowspan="2">☑ z. B. Arbeitsstätten mit Publikumsverkehr (z. B. Krankenhaus)
☑ öffentliches Gebäude (z. B. Rathaus, Verkaufsstätten, Versammlungsstätten)
☑ …</td><td>JA</td><td>Flucht- und Rettungsplan ist zu erstellen.</td></tr>
<tr><td>NEIN</td><td>Ggf. ist kein Flucht- und Rettungsplan erforderlich, weitere evtl. vorhandene Gefährdungen müssen untersucht werden.</td></tr>
<tr><td rowspan="2">Liegt eine erhöhte Gefährdung vor?</td><td rowspan="2">☑ z. B. erhöhte Brandgefahr, giftstoffgefährdete Räume, explosions- oder explosivgefährdete Räume (z. B. Industriebauten)
☑ erhöhte Brandgefahr bzw. Explosionsgefahr in angrenzenden Gebäuden (z. B. Arbeitsstätten mit gemeinsamen Verkehrswegen von angrenzenden Gebäuden mit erhöhter Gefährdung)
☑ …</td><td>JA</td><td>Flucht- und Rettungsplan ist zu erstellen.</td></tr>
<tr><td>NEIN</td><td>Ggf. ist kein Flucht- und Rettungsplan erforderlich, weitere evtl. vorhandene Gefährdungen müssen untersucht werden.</td></tr>
<tr><td colspan="4">Die in dieser Tabelle genannten Punkte sind in einer Gefährdungsbeurteilung festzuhalten und zu dokumentieren. Hierbei kann beachtet werden, dass entsprechend der ASR das Erfordernis besteht, sofern ein Sachverhalt zutreffend ist.</td></tr>
</table>

Merksatz

Die in Tabelle 8.2 aufgeführten Punkte stellen *keine* abschließende Beurteilung dar. Je nach Arbeitsstätte müssen gegebenenfalls nutzungsspezifische Randbedingungen in der Gefährdungsbeurteilung betrachtet werden. Auch wenn entsprechend einer Gefährdungsbeurteilung keine Flucht- und Rettungspläne erforderlich sind, sollte entsprechend § 20 DGUV Vorschrift 9 „Sicherheits- und Gesundheitsschutzkennzeichnung am Arbeitsplatz“ (2016) weiterhin alle 2 Jahre überprüft werden, ob aufgrund von möglichen Änderungen der Einstufung des Gebäudes weiterhin keine Flucht- und Rettungspläne erforderlich werden.

Beurteilung der im Bestand vorhandenen Flucht- und Rettungspläne anhand der baulichen sowie nutzungsspezifischen Gegebenheiten nach einer Checkliste

Die in Tabelle 8.3 enthaltene Checkliste soll dabei helfen, die in einem Objekt vorhandenen Flucht- und Rettungspläne zu überprüfen, da auch diese laufend angepasst werden müssen, sofern vor Ort Änderungen vorgenommen wurden. Dies können schon Kleinigkeiten sein, wie beispielsweise das Versetzen von Erste-Hilfe-Kästen.

Merksatz

Flucht- und Rettungspläne sollten regelmäßig überprüft werden.

Die folgende Checkliste kann natürlich auch zur Unterstützung bei der Ersterstellung eines Flucht- und Rettungsplans herangezogen werden. Zuvor sollten jedoch zur Dokumentation die Randparameter gemäß Tabelle 8.3 festgelegt werden.

Tabelle 8.3: Mit dieser Aufstellung lässt sich dokumentieren, wo und wie viele Flucht- und Rettungspläne in einem Objekt vorhanden sind.

Unternehmen/Organisation:	*Muster-Firma*	
Straße, Hausnummer:	*Musterstraße*	*3*
Stadt, Postleitzahl:	*Musterstadt*	*55555*
Zu prüfendes Objekt:	*Niederlassung Muster Firma*	
Straße, Hausnummer:	*Musterstraße*	*5*
Stadt, Postleitzahl:	*Musterstadt*	*44444*
Art des Objekts (Büro, Verkaufs-, Versammlungsstätte usw.)	*Bürogebäude mit unterirdischer Garage und Verkaufsstätte*	
Anzahl der Geschosse	*8 (6 oberirdisch, 2 unterirdisch)*	
Anzahl der zu prüfenden Flucht- und Rettungspläne	*36 Pläne*	
	1.UG und 2.UG	*Je 5 Pläne (Summe 10)*
	EG	*6 Pläne*
	1.-6. OG	*Je 4 Pläne (Summe 20)*

Checkliste

Bei den in Tabelle 8.4 aufgeführten Punkten handelt es sich nicht um eine abschließende Beurteilung. Aufgrund besonderer objektspezifischer und nutzungsspezifischer Randbedingungen können weitere Anforderungen zum Tragen kommen, die eine Anpassung von Flucht- und Rettungsplänen erforderlich machen. Dennoch zeigt die Liste die grundsätzliche Vorgehensweise auf, wie der Weg zur korrekten Planerstellung abgesteckt werden muss.

Tabelle 8.4: Anhand dieser Checkliste lassen sich die grundsätzlichen Anforderungen an einen Flucht- und Rettungsplan objektspezifisch abklären.

Nr.	Frage	Antwort		zusätzliche Angaben Maßnahme erforderlich? (Bei der Antwort NEIN sind Maßnahmen zu beschreiben)
		Ja	Nein	
1	Wurde das Erfordernis für die Erstellung von Flucht- und Rettungsplänen überprüft (sind z. B. Gefährdungsbeurteilungen vorhanden)?			Vergleiche hierzu auch die ersten beiden Schritte in Tabelle 8.2.
2	Wurden die Flucht- und Rettungspläne in den letzten 2 Jahren überprüft (entsprechend § 20 BGVA8/DGUV-V9 mind. alle 2 Jahre)?			Sofern eine Überprüfung länger als 2 Jahre her ist, sind die Pläne hinsichtlich der Aktualität zu überprüfen.
3	Sind ausreichend Flucht- und Rettungspläne in den Gebäuden vorhanden (vgl. z. B. Gefährdungsbeurteilung). Befinden sich die Flucht- und Rettungspläne an strategisch sinnvollen Stellen im Gebäude (wie z. B. Aufzugsvorräume, Treppenräume, Foyers usw.)?			Sofern an strategischen Stellen (evtl. neu geschaffene Wartebereiche) keine entsprechenden Flucht- und Rettungspläne vorhanden sind, sollten diese nachgerüstet werden.
4	Sind die bestehenden Flucht- und Rettungspläne in einwandfreiem Zustand (nicht beschädigt, eindeutig erkennbar, verblasst, Format [mind. DIN-A3])?			Ggf. sind die Pläne wieder instand zu setzen oder neu zu erstellen.
5	Wurden die Flucht- und Rettungspläne lagerichtig zum Standort des Betrachters angebracht?			Ggf. muss der Plan inkl. des Standortes neu konzipiert werden, sofern eine neue Ausrichtung des Plans nicht ausreicht.
6	Sind die Flucht- und Rettungspläne hinsichtlich der baulichen Gegebenheiten aktuell (sind die dargestellten Grundrisse aktuell [Räume, Wände, Ausgänge])?			Der dargestellte Grundriss muss weiterhin mit dem Ist-Zustand (Wände, Türen usw.) übereinstimmen. Sofern neue Wände errichtet bzw. neue Räume geschaffen wurden, sind die Flucht- und Rettungspläne entsprechend anzupassen.
7	Bilden die Flucht- und Rettungspläne den richtigen Verlauf der Fluchtwege ab (wurden z. B. Ausgänge verändert bzw. der Verlauf der Hauptgänge dorthin)?			Pläne sind entsprechend dem aktuellen Verlauf der Flucht- und Rettungswege anzupassen.
8	Sind in den Flucht- und Rettungsplänen die Erste-Hilfe-Einrichtungen verzeichnet? • Verbandkästen (Erste Hilfe) • Krankentragen (ggf. EVAC-Cahir) • Defibrillatoren (AED) • ggf. Notduschen bzw. Augenspüleinrichtungen • ggf. weitere Einrichtungen			Sobald Standorte von Erste-Hilfe-Einrichtungen, die in den Flucht- und Rettungsplänen dargestellt sind, verändert werden, sind die Pläne entsprechend anzupassen.
9	Sind in den Flucht- und Rettungsplänen die Brandschutzeinrichtungen verzeichnet? • Feuerlöscher, Löschschlauch (Wandhydrant) • Druckknopfmelder (Brandmelder) • ggf. weitere Einrichtungen			Sobald Standorte von Brandschutzeinrichtungen, die in den Flucht- und Rettungsplänen dargestellt sind, verändert werden, sind die Pläne entsprechend anzupassen.

Tabelle 8.4: Fortsetzung

Nr.	Frage	Antwort		zusätzliche Angaben
		Ja	Nein	**Maßnahme erforderlich? (Bei der Antwort NEIN sind Maßnahmen zu beschreiben)**
10	Sind die im Flucht- und Rettungsplan verwendeten Sicherheitszeichen und Symbole in der Legende richtig zusammengefasst und dargestellt?			Die im Plan dargestellten Symbole müssen in einer Legende zusammengefasst werden. Darüber hinaus dürfen keine zusätzlichen Symbole in der Legende erhalten sein. Ggf. sind die Pläne anzupassen.
11	Enthalten die Flucht- und Rettungspläne die Lage der aktuellen Sammelstellen?			Sofern sich der Standort des Sammelplatzes geändert hat, ist der Flucht- und Rettungsplan entsprechend zu anzupassen.
12	Stellt die Übersichtsskizze (sofern vorhanden) den aktuellen Stand dar und wurde sie lagerichtig dargestellt (z. B. aufgrund von Anbauten an dem zu beurteilenden Gebäude)?			Sofern eine Übersichtskizze vorhanden, muss auch diese dem Ist-Zustand entsprechen. Sofern dieser sich verändert hat, müssen die Pläne entsprechend aktualisiert werden.
13	Entsprechen die zusätzlichen Inhalte dem aktuellen Stand (z. B. Verhaltensregeln, Notrufnummer 0-112 oder 112, Stockwerbezeichnung usw.)?			Sofern sich z. B. das Telefonsystem geändert hat und keine Amtsvorwahl mehr erforderlich ist (Notruf 112), müssen die Verhaltensregeln oder der gesamte Plan ersetzt bzw. korrigiert werden.
14	Stellen die Inhalte der Verhaltensregeln die örtlichen Gegebenheiten dar (sind z. B. Wandhydranten dargestellt, die es im Objekt nicht gibt)?			Sofern z. B. Wandhydranten durch trockene Steigleitungen (nur für die Feuerwehr) ersetzt wurden, ist dies zwingend in den Plänen anzupassen.
15	Ist die Nutzbarkeit der Flucht- und Rettungspläne auch bei Ausfall der allgemeinen Beleuchtung gewährleistet (ist z. B. eine Sicherheitsbeleuchtung vorhanden, wurden die Pläne fluoreszierend hergestellt usw.)?			Es ist zu überprüfen, dass die Pläne auch in Bereichen ohne eine Sicherheitsbeleuchtung bei Stromausfall lesbar sind. Evtl. müssen die Pläne z. B. gegen fluoreszierende getauscht werden.
16	Werden die Beschäftigten über den Inhalt der Flucht- und Rettungspläne regelmäßig in verständlicher Form informiert?			Es ist darauf zu achten, dass die Beschäftigten nur über den Inhalt der aktuellen, also tatsächlich im Objekt ausgehängten Pläne, informiert werden.
17	Werden auf Grundlage der vorhandenen Flucht- und Rettungspläne Räumungsübungen durchgeführt?			Es sind nur anhand der aktuellen (überprüften) Flucht- und Rettungspläne Räumungsübungen durchzuführen.
18	Wurden Flucht- und Rettungspläne mit Plänen nach anderen Rechtsvorschriften (z. B. Alarm- und Gefahrenabwehrplänen) abgestimmt und mit diesen verbunden?			Sofern andere Vorschriften berücksichtigt wurden (z. B. Alarmplan) ist zu überprüfen, ob Informationen des Alarmplans mit den Flucht- und Rettungsplänen abgestimmt wurden (keine doppeldeutigen Anweisungen).
19	Haben sich die zusätzlichen Informationen auf den Flucht- und Rettungsplänen wie z. B. Name des Unternehmers geändert?			Sofern sich Informationen auf dem Plan geändert haben, sind diese anzupassen.

Tabelle 8.4: Fortsetzung

Nr.	Frage	Antwort		zusätzliche Angaben Maßnahme erforderlich? (Bei der Antwort NEIN sind Maßnahmen zu beschreiben)
		Ja	Nein	
20	Wurde geprüft, ob sich die • Brand- und Explosionsgefahr, • die Brandlast oder • chemische, biologische oder technische Gefährdungen verändert haben (bezogen auf den Zeitpunkt der Erstellung der bestehenden Flucht- und Rettungspläne)?			Sofern sich die nutzungsspezifischen Rahmenbedingungen geändert haben, sind die gesamten Pläne in einem Gebäude anzupassen (nach dem Ergebnis der Gefährdungsbeurteilung). Hieraus kann mitunter erheblicher Änderungsbedarf entstehen (zusätzliche Rettungswege, Rettungsweglängen usw.)
21	Wurde geprüft, ob in der näheren Umgebung des Objekts Arbeitsstätten mit erhöhter Brandlast oder explosionsfähigen Stoffen errichtet wurden?			Analog zu Punkt 19 müssen, sofern sich nutzungsspezifische Rahmenbedingungen von angrenzenden Gebäuden geändert haben, mitunter die gesamten Pläne in einem Gebäude angepasst werden (nach dem Ergebnis der Gefährdungsbeurteilung). Dies ist erforderlich, weil z.B. Ausgänge neu gewählt werden müssen (nicht in Richtung von Arbeitsstätten mit erhöhter Brandlast oder explosionsfähigen Stoffen).

9 Zusammenfassung und Fazit

Wie gezeigt wurde, liegen bei Flucht- und Rettungsplänen Theorie und Praxis nicht selten weit auseinander.

Zunächst einmal sind die Erstellung und der Aushang von Flucht- und Rettungsplänen für diejenigen Objekte obligatorisch, die dem Arbeitsschutz unterliegen, bei denen es sich also um Arbeitsstätten handelt. Selbstverständlich sind gerade viele öffentliche Gebäude, wie beispielsweise Verkaufsstätten und Hotels, für die dort beschäftigten Personen durchaus Arbeitsstätten.

Dennoch kann und muss in vielen Fällen separat geprüft werden, ob die Erstellung von Flucht- und Rettungsplänen sinnvoll und erforderlich ist. Beispielsweise können dabei folgende Kriterien untersucht werden:

- Handelt es sich um ein öffentliches Gebäude?
- Wird das Objekt von vielen ortsfremden Personen betreten?
- Wie sind die Fluchtwege gekennzeichnet?
- Weist das Gebäude eine übersichtliche Kubatur auf?
- Enthält das Objekt dauerhafte Aufenthaltsbereiche (z. B. Garagen)?
- Ist abzuschätzen, inwiefern die Besucher des Objekts die Flucht- und Rettungspläne überhaupt wahrnehmen werden (z. B. Versammlungsstätten im Freien)?

Beispiele aus der Praxis zeigen meist, dass den Menschen im Fall einer Räumung keine Zeit bleibt, sich mit den Flucht- und Rettungsplänen vertraut zu machen.

Daher orientieren sich die Personen im Gebäude im Alarmierungsfall immer anhand der Sicherheitszeichen und Fluchtwegpiktogramme, da diese ebenfalls normativ festgeschrieben sind und die Bewegung entlang der Piktogramme immer zu den Fluchtwegen und damit auch ins Freie führt.

Flucht- und Rettungspläne sind deshalb viel eher als präventive Maßnahme und Orientierungshilfe in öffentlichen Gebäuden zu verstehen. Für die Orientierung während eines Notfalls sind sie weniger geeignet.

Da sich Kunden, beispielsweise in einem Einkaufszentrum, meist nicht besonders lange oder regelmäßig im Objekt aufhalten, ist nicht gewährleistet, dass sie die aushängenden Flucht- und Rettungspläne tatsächlich beachten.

Bei Personengruppen wie Betriebsangehörigen kann aufgrund ihrer alltäglichen Anwesenheit im Objekt unterstellt werden, dass diese mit den örtlichen Gegebenheiten vertraut sind und somit keinen Flucht- und Rettungsplan benötigen, um sich zurechtzufinden.

Dennoch sind Flucht- und Rettungspläne für Menschen in Gebäuden oder auf baulichen Anlagen wichtig, damit sie sich mit den örtlichen Gegebenheiten auseinandersetzen oder sich regelmäßig anhand dieser Pläne unterweisen lassen können.

Deshalb sollte sich jeder Betreiber eines Objekts überlegen, ob ein Flucht- und Rettungsplan einen Mehrwert darstellt, oder ob dieser unter Umständen zu einem Informationsüberschuss führt („Schilderwald Deutschland").

Wie gezeigt wurde, sollte die Aufmerksamkeit vorrangig auf der Fluchtwegkennzeichnung liegen, da diese im Gefahrenfall Personen in Sicherheit leiten wird.

Auch sollten Betreiber prüfen, ob sie ihre Flucht-und Rettungspläne nicht der zu erwartenden Personenstruktur anpassen sollten (Kindergarten, Versammlungsstätte im Freien), um die Akzeptanz zu erhöhen.

Abschließend kann festgestellt werden, dass der Gesetzgeber bezüglich der Flucht- und Rettungspläne noch nicht alle Szenarien berücksichtigt hat, sodass hier noch Handlungsbedarf besteht.

Das kann beispielsweise digitale Flucht- und Rettungspläne betreffen sowie solche, die nach Betreten eines Gebäudes automatisch als „Push-Nachricht" auf das Handy des Betreffenden gesendet werden.

Gerade in technischer Hinsicht bieten sich hier noch viele Gestaltungsmöglichkeiten, die auch genutzt werden sollten.

10 Normen, Rechtsvorschriften und Literatur

Normen

DIN 4844-2:2021-11 Grafische Symbole – Sicherheitsfarben und Sicherheitszeichen – Teil 2: Registrierte Sicherheitszeichen

DIN 14096:2014-05 Brandschutzordnung – Regeln für das Erstellen und das Aushängen

DIN EN ISO 7010:2020-07 Graphische Symbole – Sicherheitsfarben und Sicherheitszeichen – Registrierte Sicherheitszeichen

DIN ISO 23601:2021-11 Sicherheitskennzeichnung – Flucht- und Rettungspläne

Rechtsvorschriften

Arbeitsschutzgesetz: Gesetz über die Durchführung von Maßnahmen des Arbeitsschutzes zur Verbesserung der Sicherheit und des Gesundheitsschutzes der Beschäftigten bei der Arbeit (Arbeitsschutzgesetz - ArbSchG) v. 07.08.1996, zuletzt geändert durch Art. 2 G v. 31.5.2023 I Nr. 140

Arbeitsstättenverordnung: Verordnung über Arbeitsstätten (Arbeitsstättenverordnung – ArbStättV) v. 12.08.2004, zuletzt geändert durch Art. 4 G v. 22.12.2020 I 3334

[Bauordnung NRW]: Bauordnung für das Land Nordrhein-Westfalen (BauO NRW) v. 21.07.2018

[Bauproduktenverordnung]: Verordnung (EU) 305/2011 des Europäischen Parlaments und des Rates vom 9. März 2011 zur Festlegung harmonisierter Bedingungen für die Vermarktung von Bauprodukten und zur Aufhebung der Richtlinie 89/106/EWG des Rates

Musterbauordnung – MBO, Fassung November 2002, zuletzt geändert durch Beschluss der Bauministerkonferenz vom 22./23.09.2022

Muster-Beherbergungsstättenverordnung: Muster-Verordnung über den Bau und Betrieb von Beherbergungsstätten (Muster-Beherbergungsstättenverordnung – MBeVO), Fassung Dezember 2000, zuletzt geändert durch Beschluss der Fachkommission Bauaufsicht v. Mai 2014

Muster-Garagen- und Stellplatzverordnung: Muster einer Verordnung über den Bau und Betrieb von Garagen und Stellplätzen (MGarVO – Muster-Garagen- und Stellplatzverordnung), Fassung Mai 1993, zuletzt geändert durch Beschluss der Bauministerkonferenz v. 14.07.2022

Muster-Hochhaus-Richtlinie: Muster-Richtlinie über den Bau und Betrieb von Hochhäusern (MHHR – Muster-Hochhaus-Richtlinie) v. April 2008, zuletzt geändert durch Beschluss der Fachkommission Bauaufsicht vom Februar 2012

Muster-Industriebaurichtlinie: Muster-Richtlinie über den baulichen Brandschutz im Industriebau (MIndBauRL – Muster-Industriebaurichtlinie), Fassung Mai 2019

Muster-Verkaufsstättenverordnung: Musterverordnung über den Bau und Betrieb von Verkaufsstätten (MVKVO – Muster-Verkaufsstättenverordnung), Fassung Juli 2014

Muster-Versammlungsstättenverordnung: Musterverordnung über den Bau und Betrieb von Versammlungsstätten (MVStättV – Muster-Versammlungsstättenverordnung) v. Juni 2005, zuletzt geändert: Juli 2014

Richtlinie über bauaufsichtliche Anforderungen an den Bau und Betrieb von Einrichtungen mit Pflege- und Betreuungsleistungen NRW v. März 2011

[Sonderbauverordnung NRW]: Verordnung über Bau und Betrieb von Sonderbauten (Sonderbauverordnung – SBauVO) v. 2. Dezember 2016, zuletzt geändert (02.08.2019 S. 488 19, ber. 2020 S. 148) Gl.-Nr.: 232

Literatur

ASR A1.3. Sicherheits- und Gesundheitsschutzkennzeichnung. Ausgabe: Februar 2013. Berlin: Bundesanstalt für Arbeitsschutz und Arbeitsmedizin, Ausschuss für Arbeitsstätten, 2013, zuletzt geändert: GMBl 2022, S. 242

ASR A2.3 Fluchtwege und Notausgänge. Ausgabe: August 2007. Berlin: Bundesanstalt für Arbeitsschutz und Arbeitsmedizin, Ausschuss für Arbeitsstätten, 2007, zuletzt geändert: GMBI v. 1. März 2022

ASR A3.4/7 Sicherheitsbeleuchtung, optische Sicherheitsleitsysteme ist aufgelöst und in die ASR A2.3 [2022] überführt worden

DGUV Information 202-051. Feueralarm in der Schule. Stand: Januar 2019. Berlin: Deutsche Gesetzliche Unfallversicherung e. V. (DGUV), 2019

DGUV Regel 100-001. Grundsätze der Prävention. Stand: Mai 2014. Berlin: Deutsche Gesetzliche Unfallversicherung e. V. (DGUV), 2014

DGUV Vorschrift 1. Unfallverhütungsvorschrift. Grundsätze der Prävention. Stand: November 2013. Berlin: Deutsche Gesetzliche Unfallversicherung e. V. (DGUV), 2013

DGUV Vorschrift 9. Sicherheits- und Gesundheitsschutzkennzeichnung am Arbeitsplatz. Stand: April 2016. Berlin: Deutsche Gesetzliche Unfallversicherung e. V. (DGUV), 2016

Kraft, Markus; Roszak, Martin: Brandfallmatrix: Schneller Einstieg und kompaktes Wissen. Köln: FeuerTRUTZ Network, 2014

11 Anhang

Sicherheitszeichen nach DIN EN ISO 7010

Nummer gemäß DIN EN ISO 7010	Bedeutung	Anwendung	Darstellung	Risiko	Ziel der Informationsvermittlung	Kombination
E001	Notausgang (links)	Kennzeichnung des Flucht-/ Rettungswegs in Richtung eines sicheren (gesicherten) Bereichs	Person, die einen Türrahmen durchquert (nach links)	Durch falsche Anbringung (Lage/Ort) könnte der Fluchtweg nicht zu einem sicheren Ort führen, der für eine Evakuierung im Notfall vorgesehen ist.	wissen, wo sich ein Fluchtweg zu einem sicheren Ort befindet	mit Richtungsangabe (Pfeil) zu kombinieren  

Nummer gemäß DIN EN ISO 7010	Bedeutung	Anwendung	Darstellung	Risiko	Ziel der Informationsvermittlung	Kombination
E002	Notausgang (rechts)	Kennzeichnung des Flucht-/Rettungswegs in Richtung eines sicheren (gesicherten) Bereichs	Person, die einen Türrahmen durchquert (nach rechts)	Durch falsche Anbringung (Lage/Ort) könnte der Fluchtweg nicht zu einem sicheren Ort führen, der für eine Evakuierung im Notfall vorgesehen ist.	wissen, wo sich ein Fluchtweg zu einem sicheren Ort befindet	mit Richtungsangabe (Pfeil) zu kombinieren  

Nummer gemäß DIN EN ISO 7010	Bedeutung	Anwendung	Darstellung	Risiko	Ziel der Informations-vermittlung
E003	Erste Hilfe	Kennzeichnung des Standorts von Erste-Hilfe-Ausrüstung, -Einrichtungen oder -Personal	Erste-Hilfe-Kreuz	im Fall einer Verletzung keine Erste-Hilfe-Ausrüstung, -Einrichtungen oder -Personal zu finden	wissen, wo sich Erste-Hilfe-Ausrüstung, -Einrichtungen oder -Personal befinden

Nummer gemäß DIN EN ISO 7010	Bedeutung	Anwendung	Darstellung	Risiko	Ziel der Informations-vermittlung
E004	Notruftelefon	Kennzeichnung des Standorts eines Notruftelefons	Telefonhörer, rechts oben ein Erste-Hilfe-Kreuz	im Notfall nicht in der Lage zu sein, ein Notruftelefon zu finden	wissen, wo sich ein Notruftelefon befindet

Nummer gemäß DIN EN ISO 7010	Bedeutung	Anwendung	Darstellung	Risiko	Ziel der Informations-vermittlung
E007	Sammelstelle	Kennzeichnung des Ortes einer Sammelstelle in einem sicheren Bereich, die nach einer Evakuierung aufzusuchen ist	Personen, die von 4 auf sie gerichteten Pfeilen umgeben sind	nach einer Evakuierung keine Sammelstelle in einem sicheren Bereich zu finden	wissen, wo sich eine Sammelstelle in einem sicheren Bereich befindet

Nummer gemäß DIN EN ISO 7010	Bedeutung	Anwendung	Darstellung	Risiko	Ziel der Informations-vermittlung
E008	Notausgangsvorrichtung, die durch Zerschlagen einer Scheibe zu öffnen ist	Kennzeichnung des Ortes einer Notausgangsvorrichtung, die durch Zerschlagen einer Scheibe zu öffnen ist	Faust und Unterarm, eine Stange haltend, umgeben von einer Sternform	im Notfall keine Notausgangsvorrichtung zu finden, die durch Zerschlagen einer Scheibe zu öffnen ist	wissen, wo sich eine Notausgangsvorrichtung befindet, die durch Zerschlagen einer Scheibe zu öffnen ist

Nummer gemäß DIN EN ISO 7010	Bedeutung	Anwendung	Darstellung	Risiko	Ziel der Informationsvermittlung
E009	Arzt	Kennzeichnung des Standorts eines Arztes	Oberkörper einer Person mit Stethoskop, rechts oben ein Erste-Hilfe-Kreuz	im Notfall nicht den Standort eines Arztes zu finden	wissen, wo sich der Standort eines Arztes befindet

Nummer gemäß DIN EN ISO 7010	Bedeutung	Anwendung	Darstellung	Risiko	Ziel der Informationsvermittlung
E010	Automatisierter externer Defibrillator (AED)	Kennzeichnung des Standorts eines automatisierten externen Defibrillators	Herz, in dessen Mitte sich ein Blitz befindet, rechts oben ein Erste-Hilfe-Kreuz	im Notfall nicht den Standort eines automatisierten externen Defibrillators zu finden	wissen, wo sich der Standort eines Automatisierten externen Defibrillators befindet

Nummer gemäß DIN EN ISO 7010	Bedeutung	Anwendung	Darstellung	Risiko	Ziel der Informationsvermittlung
E011	Augenspüleinrichtung	Kennzeichnung des Standorts einer Augenspüleinrichtung	Auge, darunter ein nach oben gerichteter Duschkopf, rechts oben ein Erste-Hilfe-Kreuz	im Notfall nicht den Standort einer Augenspüleinrichtung zu finden	wissen, wo sich der Standort einer Augenspüleinrichtung befindet

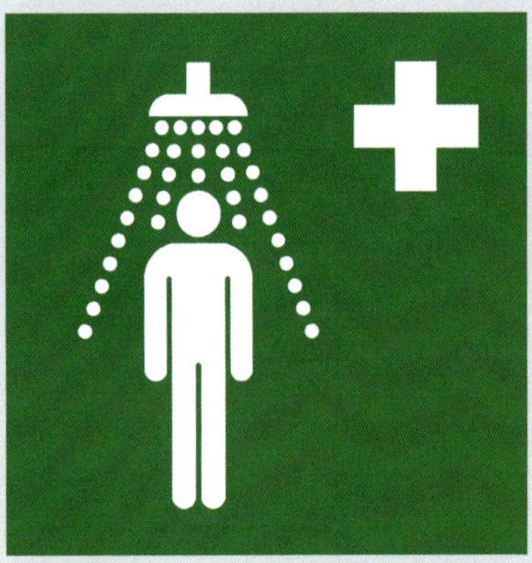

Nummer gemäß DIN EN ISO 7010	Bedeutung	Anwendung	Darstellung	Risiko	Ziel der Informationsvermittlung
E012	Notdusche	Kennzeichnung des Standorts einer Notdusche	Person, darüber ein Duschkopf, aus dem Wasser auf sie fließt, rechts oben ein Erste-Hilfe-Kreuz	im Notfall nicht den Standort einer Notdusche zu finden	wissen, wo sich der Standort einer Notdusche befindet

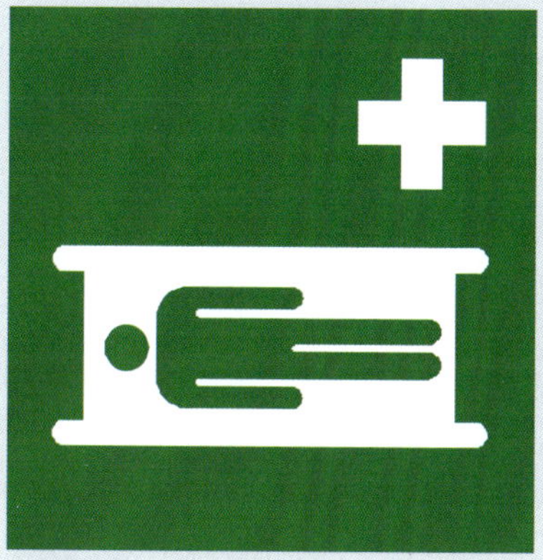

Nummer gemäß DIN EN ISO 7010	Bedeutung	Anwendung	Darstellung	Risiko	Ziel der Informations-vermittlung
E013	Krankentrage	Kennzeichnung des Standorts einer Krankentrage	Person, die auf einer Krankentrage liegt, rechts oben ein Erste-Hilfe-Kreuz	im Notfall nicht den Standort einer Krankentrage zu finden	wissen, wo sich der Standort einer Krankentrage befindet

Nummer gemäß DIN EN ISO 7010	Bedeutung	Anwendung	Darstellung	Risiko	Ziel der Informations-vermittlung
E016	Notausstieg mit dauerhaft angebrachter Fluchtleiter	Kennzeichnung des Standorts eines Notausstiegs mit dauerhaft angebrachter Fluchtleiter	Person, die aus einem Fenster auf eine Leiter steigt	im Notfall nicht den Standort eines Notausstiegs mit dauerhaft angebrachter Fluchtleiter zu finden	wissen, wo sich der Standort eines Notausstiegs mit dauerhaft angebrachter Fluchtleiter befindet

Nummer gemäß DIN EN ISO 7010	Bedeutung	Anwendung	Darstellung	Risiko	Ziel der Informationsvermittlung
E017	Rettungsausstieg, der unter Mithilfe von Einsatzkräften zu verwenden ist	Kennzeichnung des Standorts eines Rettungsausstiegs, der unter Mithilfe von Einsatzkräften zu verwenden ist	Person, die aus einem Fenster auf die Drehleiter eines Feuerwehrfahrzeugs steigt	im Notfall nicht den Standort eines Rettungsausstiegs, der unter Mithilfe von Einsatzkräften zu verwenden ist, zu finden	wissen, wo sich der Standort eines Rettungsausstiegs, der unter Mithilfe von Einsatzkräften zu verwenden ist, befindet

Nummer gemäß DIN EN ISO 7010	Bedeutung	Anwendung	Darstellung	Risiko	Ziel der Informationsvermittlung
E018	Öffnung durch Linksdrehung	Kennzeichnung, dass eine Sicherheitstür durch Linksdrehung des Türknaufs geöffnet wird	Türknauf mit halbkreisförmigem Pfeil (nach links)	im Notfall eine Sicherheitstür nicht schnell genug öffnen zu können	wissen, dass eine Sicherheitstür durch Linksdrehung des Türknaufs geöffnet wird

Nummer gemäß DIN EN ISO 7010	Bedeutung	Anwendung	Darstellung	Risiko	Ziel der Informationsvermittlung
E019	Öffnung durch Rechtsdrehung	Kennzeichnung, dass eine Sicherheitstür durch Rechtsdrehung des Türknaufs geöffnet wird	Türknauf mit halbkreisförmigem Pfeil (nach rechts)	im Notfall eine Sicherheitstür nicht schnell genug öffnen zu können	wissen, dass eine Sicherheitstür durch Rechtsdrehung des Türknaufs geöffnet wird

Nummer gemäß DIN EN ISO 7010	Bedeutung	Anwendung	Darstellung	Risiko	Ziel der Informationsvermittlung
F001	Feuerlöscher	Kennzeichnung des Standorts eines Feuerlöschers	links ein Feuerlöscher mit Etikett, rechts Flammen	im Notfall den Standort eines Feuerlöschers nicht zu kennen	wissen, wo sich der Standort eines Feuerlöschers befindet

Nummer gemäß DIN EN ISO 7010	Bedeutung	Anwendung	Darstellung	Risiko	Ziel der Informationsvermittlung
F002	Löschschlauch	Kennzeichnung des Standorts eines Löschschlauchs	links ein aufgerollter Löschschlauch, rechts Flammen	im Notfall den Standort eines Löschschlauchs nicht zu kennen	wissen, wo sich der Standort eines Löschschlauchs befindet

Nummer gemäß DIN EN ISO 7010	Bedeutung	Anwendung	Darstellung	Risiko	Ziel der Informationsvermittlung
F003	Feuerleiter	Kennzeichnung des Standorts einer Feuerleiter	links eine Leiter, rechts Flammen	im Notfall den Standort einer Feuerleiter nicht zu kennen	wissen, wo sich der Standort einer Feuerleiter befindet

Nummer gemäß DIN EN ISO 7010	Bedeutung	Anwendung	Darstellung	Risiko	Ziel der Informationsvermittlung
F004	Mittel und Geräte zur Brandbekämpfung	Kennzeichnung des Standorts von Mitteln und Geräten zur Brandbekämpfung	links ein Feuerwehrhelm in Seitenansicht, rechts Flammen	im Notfall den Standort von Mitteln und Geräten zur Brandbekämpfung nicht zu kennen	wissen, wo sich der Standort von Mitteln und Geräten zur Brandbekämpfung befindet

Nummer gemäß DIN EN ISO 7010	Bedeutung	Anwendung	Darstellung	Risiko	Ziel der Informationsvermittlung
F005	Brandmelder	Kennzeichnung des Standorts von Brandmeldern	Hand mit nach oben gerichtetem Zeigefinger, dessen Spitze weist auf einen Punkt, der in einem Quadrat liegt, rechts daneben Flammen	im Notfall den Standort von Brandmeldern nicht zu kennen	wissen, wo sich der Standort von Brandmeldern befindet

Nummer gemäß DIN EN ISO 7010	Bedeutung	Anwendung	Darstellung	Risiko	Ziel der Informations-vermittlung
F006	Brandmelde-telefon	Kennzeich-nung des Standorts von Brandmelde-telefonen	links ein Telefonhörer, rechts Flam-men	im Notfall den des Standort von Brandmel-detelefonen nicht zu ken-nen	wissen, wo sich die Standorte von Brandmel-detelefonen befinden

12 Stichwortverzeichnis